覚醒される人と土地の記憶

「台湾シリコンバレー」のルーツ探し

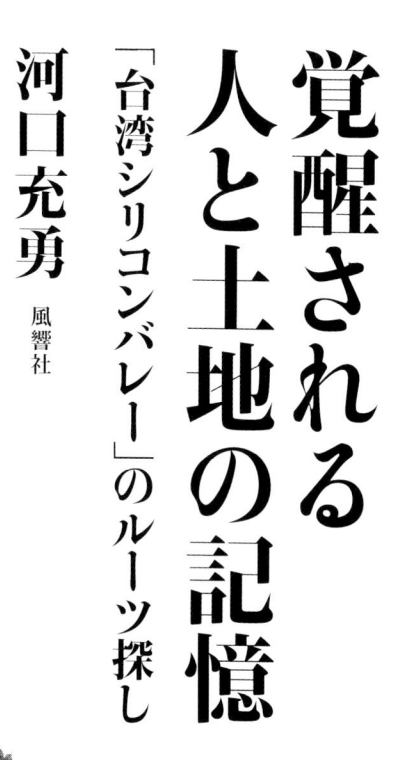

河口充勇

風響社

●目次

装丁＝オーバードライブ・泉原厚子

●覚醒される人と土地の記憶——「台湾シリコンバレー」のルーツ探し

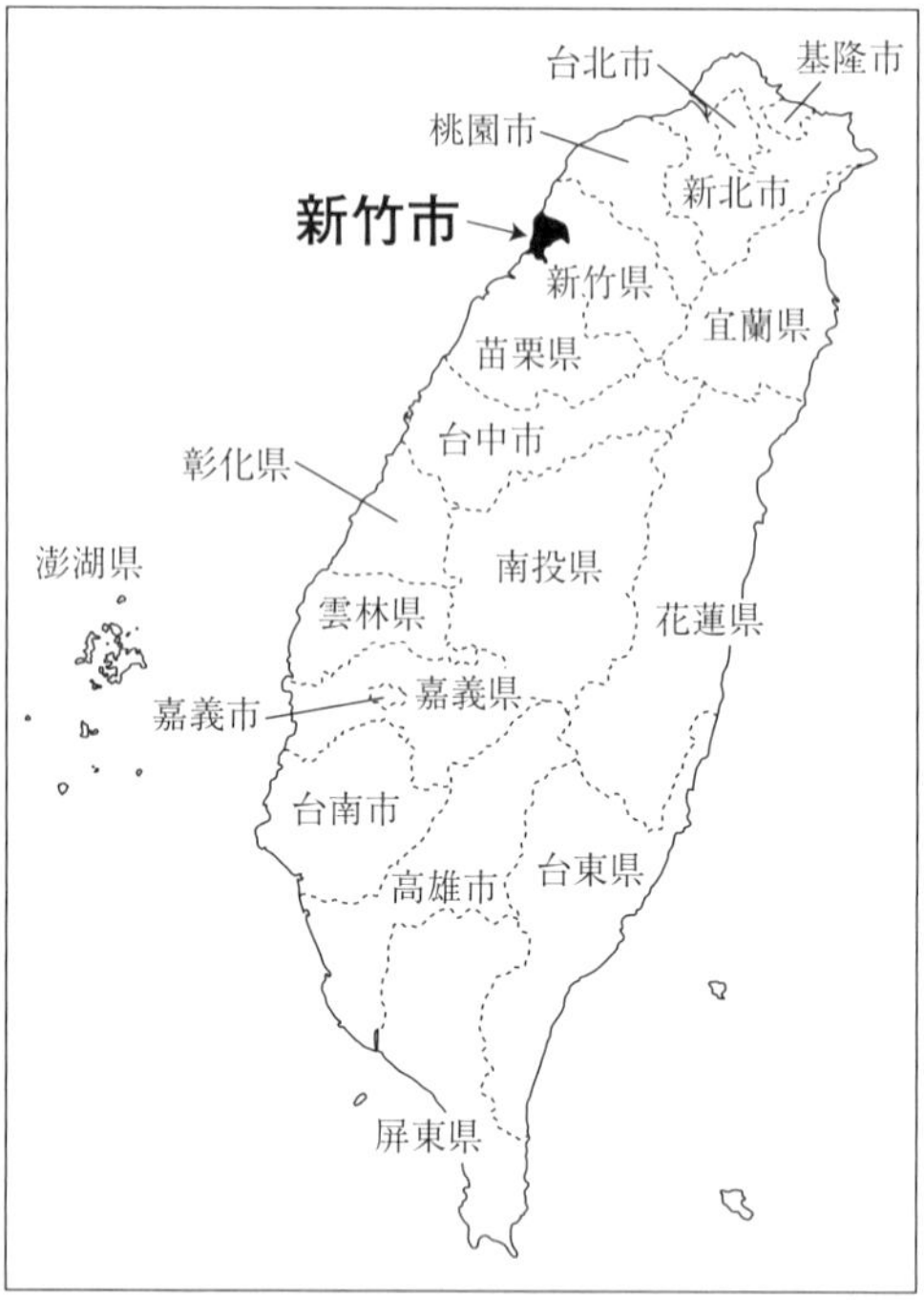
台北市
基隆市
桃園市
新北市
新竹市
新竹県
宜蘭県
苗栗県
台中市
彰化県
澎湖県
南投県
花蓮県
雲林県
嘉義県
嘉義市
台南市
台東県
高雄市
屏東県

図 P-1　台湾地図

プロローグ

一　天然瓦斯研究所とは

台湾本島の北西部に位置する新竹市は、「台湾シリコンバレー」(中国語では「台湾矽谷」)と称される世界有数のハイテク産業拠点である。この地に本部を置く台湾最大の理工系研究開発機関である財団法人工業技術研究院(以下では「工研院」)において、二〇〇六年一一月二一日、「工研院起源──『天然瓦斯研究所』七〇周年紀念」と銘打たれた記念式典が催された。翌日、この式典の様子を伝える記事が台湾国内の多くのメディアに掲載され、「天然瓦斯研究所　台湾矽谷源頭」(天然瓦斯研究所、台湾シリコンバレーの源流)や「工研院七〇年尋根　從天然瓦斯所壮大」(工業技術研究院七〇年ルーツ探し、天然瓦斯研究所より拡大発展)という見出しが並んだ。

半導体集積回路(IC)や情報通信機器などの電子工業分野の集積地として世界的に知られる新

図 P-2　天然瓦斯研究所 70 周年記念式典（黄鈞銘提供）

竹において「天然瓦斯」という語が登場するのはいささか意外な印象を与えることだろう。実は、この新竹一帯は、かつて世界有数の天然ガス産地にして、台湾随一の化学工業集積地であった。そして、この地にかつて「天然瓦斯研究所」（以下では「天研」）という名の研究開発機関があった。

天研は、一九三六年八月に台湾総督府が新竹郊外に設立した天然ガス専門の研究開発機関であり、その設立の背景には当時の植民地台湾における「上から」の軍需工業化の推進という動きがあった。戦後は長きにわたってその歴史が大っぴらに語られなかったため、今日、この研究所の存在を知る者は地元においてすら多くない。

この知られざる研究所の名を冠した催しが現代の台湾においてなぜかくも大きなニューズバリューをもち得たのであろうか。それは、端的に言うなら、「台湾経済の奇跡[1]」と称される一九八〇年代以降の台湾ハイテク産業の劇的な発展プロセスにおいて極めて重要な役割を果たした工研院のルーツであるからにほかならない。

工研院そのものの設立は一九七三年であるが、その知られざる前身の歩みをも含めると、工研院は八〇年以上もの歳月を経て今日に至っている。実は、その知られざる前史には、工研院、そして、「台湾シリコンバレー」新竹の成り立ちを理解するうえで非常に有益なエピソードが多く埋まっている。

工研院の設立（一九七三年）を一つの契機とした「台湾シリコンバレー」新竹でのハイテク産業拠点形成は中央政府の主導のもとで推し進められたものである。それに対し、そのモデルとなった米国シリコンバレーでのハイテク産業拠点形成は当地のスタンフォード大学（私立大学）とゆかりのある研究者・起業家が主体となって進行したものである。この点において、新竹は米国シリコンバレーとは異なり、むしろ日本の「学研都市」（筑波研究学園都市、関西文化学術研究都市）に近いといえる。

その一方で、新竹でのハイテク産業拠点形成はすでにある程度の研究開発機能が蓄積された土地において推し進められたものである。この点において、新竹はこうした先行蓄積を備えていない日本の「学研都市」とも異なっている。このような研究開発機能における「連続性」は、「台湾シリコンバレー」新竹のハイテク産業発展史を理解するうえでのキーポイントの一つであり、その軌跡をさかのぼってみると、戦前の天研にたどり着くことになる。

天研は、一九三六年八月に台湾総督府が新竹郊外に設立した天然ガス資源に関わるさまざまな研究開発業務を専門的に行なう公的機関であった。日本統治期最後の一〇年間、天研では、国家権力の庇護のもとで、各地から理化学分野の先進技術ならびに高度人材が集められ、短期間のうちに高度な研究開発機能が構築された。日本の敗戦により天研はわずか一〇年でその使命を終えたが、中華民国政府に接収された土地、建物、装置、人材、技術は、中国石油有限公司（国営企業）が引き継ぐことになった。

こうして誕生した中国石油公司新竹研究所には、やはり国家権力の強力な庇護のもと、中国本土各地から先進技術ならびに高度人材が集められ、研究開発機能のさらなる高度化が達成された。一九五四年、同研究所は中央政府経済部直轄の聯合工業研究所に再編され、さらなる拡大発展をとげた。そして迎えた一九七三年、聯合工業研究所が母体となって工研院が設立され、その後の「台湾経済の奇跡」のキーアクターとなる（第六章で詳述）。

このように、天研の遺産は、新竹における研究開発機能の基層となり、そのうえにハイテク産業が築かれてゆくことになる。もちろん、その間に当地の研究開発機能の主軸は理化学分野から電子工学分野へと大きく移行しており、天研の遺産がそのまま一九七〇年代半ば以降の工研院でのＩＣ関連プロジェクトに直結したわけではないが、とはいえ、その間に断絶があったというわけでもない。

天研が新竹地域で果たした役割を日本国内の事例に即して考えるなら、明治初頭に設立された京都舎密局（一八七〇〜八一年）が京都地域で果たした役割に近いといえるだろう。「舎密（せいみ）」とはオランダ語の chemie に由来しており、その名が示す通り、舎密局は、理化学分野を中心に、欧米からの先進技術の移転、専門技術者の育成、新産業の創出を主たるミッションとする京都府傘下の研究開発・人材育成機関であった。舎密局には、著名な「御雇い外国人」ゴッドフリート・ワグネル（一八三一～九二）が招聘され、短期間ではあったが、彼のもとで多くの有能な研究者、技術者が養成された。舎密局はわずか一〇年あまりでその使命を終えたが、その遺産は京都大学や京都薬科大学、島津製作所、日本電池（現・GSユアサ）へと受け継がれていった。もちろん、舎密局と天研の間に直接的な関係があったわけではなかったが、両者はともにわずか一〇年程度で閉鎖を余儀なくされながら、後にそれぞれの地域で大きく花開くことになるハイテク産業の黎明期において「トリガー」的役割を果たしたという点で共通している。

二　ある日本人青年技師の物語

本書では、工研院ならびに「台湾シリコンバレー」新竹のルーツと位置づけられる天研の物語を記述する。物語は、一人の日本人青年技師を主人公としている。彼の名は大内一三（一九〇五～二〇〇五年）。天研の設立メンバーの一人にして、その最後の生存者である。筆者は一〇〇年を生きた大内の最後の三ヵ月に遭遇し、まさに消えゆく記憶を記録に留める作業を託された。それは図らずも彼の「遺言」となってしまった。(2)

大内青年の物語は決してヒロイックなものではない。彼が語った天研での一〇年間は、戦時下植

図 P-3　天研時代の大内（陳培基提供）

図 P-4　2005年インタビュー時の大内（筆者撮影）

民地の軍事関連施設という非常に制約の多い環境に身を置いた青年技師のまさに「もがき苦しみ」の軌跡であった。その一〇年間、彼は研究業務にとどまらないさまざまな業務の遂行のために奔走し、戦争や植民地支配の理不尽な現実に苦悩し挫折しながら、それでも母国のため、組織のため、地域のため、後進のためにあらんかぎりの知恵をしぼりつづけた。結局、奮闘努力の甲斐なく、日本の敗戦により、彼は一〇年かけて台湾で築いたもの一切を失い、故郷へ引き揚げた。しかし、努力はまったく報われなかったわけではなく、彼が新竹に残したさまざまな「種」は、彼が当地を去った後、彼の思惑をはるかに超えて、大きく結実してゆくことになる。

　本書で描かれる物語は、一人の日本人青年技師が「もがき苦しみ」の一〇年間に蒔いた「種」にまつわるエピソードを中心としたものである。

　この物語を通して明らかになるのは、天研が戦時下植民地の軍事関連施設のステレオタイプ的なイメージに反し、外部に対して「開かれた組織」であり、地域産業界への技術協力に積極的であったという事実である。実際、天研を媒介として、欧米や日本の先進技術が新竹地域の産業界に移植されて根付き、ごく短期間のうちに当地において化学工業分野の原初的な産業クラスターが形成された。その結果、天研の遺産は後身機関のなかだけでなく、地域産業界においても受け継がれることになった。

この天研をめぐる物語は、今日、ハイテク産業のグローバル・サプライチェーンにおいて確固たる地位を築いている「台湾シリコンバレー」新竹の知られざるルーツを具体的に映し出すものであり、そこには単なる郷土史の次元を越えた文化的付加価値が備わっているといえよう。

三　未来への遺産

さらに、本書は、現在も工研院の一施設として機能しつづけている旧天研本館の「産業遺産」としての可能性に着目し、同時代の新竹地域の環境条件を踏まえつつ議論を展開する。実は、これもまた大内から託された「遺言」に端を発している。インタビューの折、大内は、新竹を離れてから六〇年近い歳月を経てもなお自らが設計・建設に深く関与した旧本館の行く末を案じていた。そして、この建物が「台湾シリコンバレー」のルーツを表象するモニュメントとして保存され、先人たちの物語を次世代に伝えるための博物館施設に再構築されることを強く願っていた。

図 P-5　開設当初の天研本館（陳培基提供）

この大内の「遺言」は、同時代台湾の社会的趨勢に鑑みると、決して浮世離れしたものではない。実際、今日の台湾（特に新竹地域）では、それを後押しする「追い風」が吹いている。

かつての国民党独裁政権下では台湾はあくまでも中国の一部分であって、台湾の独自性を問うことがタブーとされたが、近年では、李登輝政権下（一九八八～二〇〇〇年）で推進された「本土化[3]（localization）」政策を背景に、それを問い、表現することが大幅に自由化された。その結果、台湾固有の歴史・文化への社会的関心が高まりをみせてきた。こうした一連の政策変化、意識変化を背景に、日本統治期に関する歴史認識も大きく変わり、できるかぎり「理性的」な視点で、それを「台湾史」の一部としてとらえようとする傾向が強まっている。これにともなって、日本統治期に由来する建築物、機器類、文物類などを歴史文化遺産として保存・活用しようとする取り組みが各地で活発化

図 P-6　旧天研究本館の現状（黄鈞銘提供）

しており、そのなかには一昔前なら「負の遺産」とみなされたはずの軍事関連施設も多く含まれている。

日本統治期の軍事関連施設の名残は台湾全土で広くみられるが、なかでも重要な軍事拠点の一つであった新竹地域一帯には特に多くみられる。新竹地域では、すでに地元の市民団体を主体として、当地の産業発展プロセスを振り返るうえで避けて通れない日本統治期の軍事関連施設に文化的付加価値を認め、これらの産業遺産としての可能性（観光資源、教育資源）を模索する動きがみられるようになっている。

このように、今日の台湾全体ならびに新竹地域の社会的趨勢に鑑みると、将来、大内の「遺言」が実現される可能性は決して小さくないだろう。

大内が行く末を案じていた旧天研本館は、完成から八〇年以上を経た二〇一八年末現在においても現役の研究施設として機能している。その外観は周囲の環境とうまく調和し、八〇年以上もの歳月を経た建物とは思えないような美しい佇まいをみせている（実はこの点も大内の隠れた功績である）。他にも、旧本館そのものとそれを取り巻く環境にはさまざまな好条件がそろっており、この建物は当地における新たな産業観光の拠点になる可能性を秘めている（エピローグで詳述）。

こうした台湾・新竹におけるローカルな取り組みは、日本における産業遺産研究のさらなる発展にとっても非常に有意義であるにちがいない。日本での産業遺産研究は一九七〇年代に端を発しており、一九九〇年代に入ると、政府の支援強化にともなって産官学連携による産業遺産保存・活用の取り組みが大きく進展した。近年では、石見銀山（二〇〇七年）、富岡製糸場（二〇一四年）、明治日本の産業革命遺産（二〇一五年）など産業遺産の世界遺産登録が相次いでいることもあって、産業遺産への社会的関心が大いに高まっている。こうした産業遺産をめぐる一連の調査研究、保存・活用事業は大いに評価されるべきものであるが、そこに空白がないわけではない。その最たるものが、かつて日本が植民地体制下で産業近代化（軍需工業化）を推し進めた地域（台湾、朝鮮半島、中国東北地方など）の産業遺産への視線であり、日本における産業遺産研究との連続線上でそれらがとらえることはこれまでのところ皆無に等しい。逆に、旧植民地地域の側でも、日本統治期の産業遺産（特に軍事関連施設）が往々にして植民地支配という「負の歴史」を想起させてきたため、このような「過去の遺物」に埋もれかけた歴史的事実を学術的な視点から掘り起こそうという動きもやはりこれまでほとんどみられなかった。まさにこの点において旧天研現存施設をめぐる取り組みは、台湾での産業遺産研究の発展に資すると同時に、日本における産業遺産研究の空白を埋めることができるのではないだろうか。

注

（1）一九七〇年代以降の台湾は政治的には常に国際的孤立や両岸問題の不安を抱えながら、経済的には電子工業を中心に長期にわたって発展をとげてきた。こうした長期持続的な経済発展は台湾社会に大きな富をもたらし、二一世紀を迎えるころには台湾の一人当たりGDPは一万四〇〇〇米ドル前後（二〇〇〇年）という高水準に達していた。今日の台湾は分厚い中間層を擁する「豊かな社会」であり、その教育水準、所得水準、消費水準は欧米や日本と比べても引けを取らない。このような戦後台湾の経済社会的発展の軌跡はしばしば「台湾経済の奇跡」と称され、台湾と同じように産業高度化を図ろうとする国々にとって一つのモデルとなっている。

（2）大内との出会いの経緯やインタビュー時の様子についてはエピローグで詳述する。

（3）戦後の台湾では、中華民国政府が中国全体を代表する政府であるというイデオロギーのもと、中国より持ち込まれた政治・社会制度が長きにわたり存続した。しかし、李登輝政権下の台湾では、こうした中国式の政治・社会制度を台湾の実情に即したものに改変していくこと、すなわち「本土化」が政府によって推進されるようになった。この「本土化」は「民主化」と一括りでとらえられることが多い。

第一章　渡台までの紆余曲折

物語の主人公、大内一三は、一九三五（昭和一〇）年九月に台湾へ渡り、発足直後の天研の一員となっているが、そこに至るまでには紆余曲折があった。この時期に得られたさまざまな経験、技術、人脈は、新天地台湾での大内の研究業務ならびに研究外業務に大いに活かされることになる。

一　東京へ

一九〇五（明治三八）年、大内は、愛知県西部、知多半島の基部に位置する農村（現在の行政単位では東海市の域内）で生を受けた。現在の東海市は、中京工業地帯の一角を占める臨海工場群（主に製鉄関係）と名古屋大都市圏の一角を占める郊外型ベッドタウンを基調としているが、もともと当地は都市近郊型農業ならびに食品加工業のメッカであり、トマト加工業の国内最大手メーカーであるカゴメ株式会社の発祥地として知られる。大内の生家は養豚業を営む農家であった。大内によれば、実父はカゴメ創業者の蟹江一太郎と幼馴染の間柄にあり、自らの養豚場から出る糞尿を肥料用として若き日の蟹江のトマト農園に供給していたという。

幼少期に実父が他界したため、大内は他家の養子となるが、養家との折り合いが悪く、不遇な少年時代を送った。中等教育を終えた後、進学を希望した彼は単身上京した。

上京後の大内は、昼間にさまざまなパートタイム労働をこなしながら、東京物理学校[1]（東京理科大学の前身）理学部の夜間部で学んだ。同校は、一八八一（明治一四）年に東京帝国大学を卒業した二一名の青年理学士たちによって設立された自然科学専門の私立高等教育機関であり、設立当初は夜間部のみの運営であった。一八八九年に校舎が完成するまで同校では小学校の教室を間借りし、創立者たちの母校である東京大学から必要に応じて機材を借りていた。さらに、初期の同校では創立者たちが本業の傍ら無給で学生たちの指導に当たっていた。かつては入学試験が行なわれなかったが、その代わり進級・卒業の条件が非常に厳しかった。その分、卒業生に対する社会の評価は高かった。夏目漱石の名作『坊っちゃん』には「物理学校」が重要な舞台の一つとして登場するが、それは同校のことを指している。大内は、東京で苦学を余儀なくされたものの、同じような境遇の苦学生が多く集う物理学校において充実した学生生活を送った。

東京物理学校在学中に大内は、友人の紹介により、当時、第一高等学校（旧制）で教鞭をとっていた富永斉（東京帝国大学出身、理学博士、理化学ガラス研究の権威）と知り合い、パートタイムの補助員

（大内自身の言葉にしたがえば「小間使い」）として富永研究室に勤務した。そこで彼に与えられた業務はさほど専門知識を必要としない雑務的なものばかりであったものの、有能な指導者の下で研究活動の基礎を学んだ。この富永との出会いは、その後の彼の人生に多大な影響を及ぼすことになる。

一九二九（昭和四）年、一四歳の大内は東京物理学校を卒業し、都内の某私立中学の理科教員に採用された。かつて同校の卒業生には中学・高校の理科担当教員となる者が多く、全国のほとんどの学校に東京物理学校出身の理科教員がいたといわれる。大内もまたこのうちの一人であったが、彼の教員生活は、それまでの学生生活とは打って変わり、不遇なものであった。

物理学校での成績が割合に良かったもので、嘱望されて中学校の物理化学の教員になった。ところが、やっていると、我々が学校でいかにいいかげんなことを教わってきたかを思い知った。……　教員としてのキャリアにはなるかもしれないけれど、人間としてこれではだめだと思った。一年半くらい経つと、教員であることにむなしさを感じるようになった。……　中学の教員をしているときに、しばらく兵隊にとられたことがある。昔は徴兵制というのがあったから。名古屋の部隊にしばらくいた。そんなふうに兵隊やら何やらいろんな経験をしていたものだから、兵隊経験のない他の教員たちにずいぶん敬遠された。こういう連中といっしょにいると、むなしくなった。それで、月給一二〇円くらいの仕事をあっさり辞めた。その当時、一二〇円という給料は割に高給だった（筆者インタビュー）。

二　北海道へ

一九三一年（昭和六）年、二六歳の大内は安定した中学教員の職を捨て、単身北海道へ渡る。北海道で彼を待っていたのは、東京での学生時代に師弟関係を築いていた富永である。富永は一九二七年に第一高等学校を離れてから、いったん東北帝国大学理学部に助教授として赴任した後、一九三〇年に新しく設立されたばかりの北海道帝国大学理学部に教授として赴任した。北海道大学へ転じた富永から助手ポストの空き[2]があることを知らされた大内は、北海道へ渡り、フルタイムの助手として再び富永研究室（物理化学講座）に勤務することになった。

ここで簡単に北海道大学理学部の歴史をひも解いてみよう。北海道大学のルーツは、一八七六（明治九）年に北海道開拓事業に携わる高度人材の育成を目的として設立された札幌農学校である。同校は、「少年よ大志を抱け」の名文句で知られるウィリアム・スミス・クラーク博士が教鞭をとり、内村鑑三や新渡戸稲造といった明治・大正期の日本を代表する思想家が数多く輩出されたことで知られる。

一九〇七（明治四〇）年、東京・京都に次ぐ三つ目の帝国大学として東北帝国大学が設立されることになるが、設立当初の同校は、仙台の地で新設された理科大学ならびに仙台から遠く離された札幌の地で札幌農学校を母体に設立された農科大学の二系統により構成された。

一九一八（大正七）年、札幌の農科大学が東北帝国大学から分離独立して北海道帝国大学となり、東京・京都・東北・九州に次ぐ五つ目の帝国大学として再スタートを切った。その翌年には医学部が、一九二五年には工学部が設立された。こうした応用科学分野を担う学部が次々に設立されるなか、基礎科学分野を担う理学部の設立は大きな遅れをとった。一九二二年ごろより理学部設立に向けた行政との交渉が本格的に進められるようになるが、折り悪く一九二三年の関東大震災による財政緊迫という事態のため交渉がしばらく頓挫し、一九二六年になってようやく理学部設立が帝国議会で可決された。翌年には、東北大学理学部設立時のキーパーソンの一人で、当時、東北大学理学部長の任にあった眞島利行を委員長（兼任）とする理学部創立委員会が発足し、教官人事やカリキュラム編成をはじめとする新学部設立に向けた調整作業に入った。こうして、一九三〇年、北海道大学に六学科二一講座体制の理学部が誕生した［北海道大学理学部編 一九八〇：三一一〇］。

この北海道大学での理学部設立に際して非常に重要な意味をもったのが東北大学理学部とのつながりである。東北大学設立の時点において、三〇年あまりつづく札幌農学校の先行蓄積を備えていた札幌の農科大学とは異なり、仙台の理科大学はほとんど何の先行蓄積もないなかでの船出であったため、前出の眞島をはじめ大学設立に関わった教官たちは各種研究インフラを整えることに苦労した。当時の仙台は水道すらない劣悪な環境で、研究実験を進めるためには井戸から汲み上げた水に高圧給水の装置を取り付けることからはじめなければならなかった［財団法人日本化学研究会「東北大学における理化学ガラス機器の開発」編集委員会編 二〇〇五：一］。こうした東北大学での「産みの苦しみ」の経験は北海道大学での理学部設立に大いに活かされることになるが、その「橋渡し」役となったのが、初代理学部長（兼任）を務めた眞島（理学部設立の翌年に本務校の東北大学へ復帰）、そして、最も早い時期に着任した教授の一人である富永であった。

富永は、設立時の北海道大学理学部において研究インフラの整備に尽力したが、なかでも特に注力したのが、その専門である化学分野の研究実験に欠かすことのできない理化学ガラス器具（試験管、ビーカー、フラスコなど）を自前で加工するための工場施設の設置・運営ならびにそこでの技術者養成に他ならない。それより遡ること二〇年あまり、設立直後の東北大学では、眞島らの指導のもとでガラス工場が設置され、東京大学出身の眞島の個人的人脈により、東京から理化学ガラス器具の専門技術者が指導員として招聘された。大学開設当時の仙台地域には理化学ガラス器具を大学に安定供給できる業者が存在しなかったため、東北大学ではその自給自足が図られることになった。このような大学内でのガラス工場の設置は東北大学が日本で最初の例であったといわれる〔財団法人日本化学研究会「東北大学における理化学ガラス機器の開発」編集委員会編　二〇〇五：三－九〕。

富永は、東北大学理学部の経験を踏まえて、北海道大学理学部にも同様のガラス工場を設置し、やはり東京から理化学ガラス器具の専門技術者（東北大学のガラス技術者と同じ門下）を指導員として招聘した。富永研究室で助手を務めた岡本剛は『北大理学部五十年史』に掲載された回想文「化学教室の研究の開花発展とその背景」のなかでガラス工場の様子を記している。

特に化学の実験には一番関係のある硝子工作室にはすぐれた技能と経験をもった藤原さんが東京からきて、硝子工の養成から附帯設備の整備まで着々とすすめてくれた。当時札幌は日本の辺境であっただけに、これは研究推進に大きな力となった。…（中略）… 硝子工作や液体空気装置の運転、管理には富永先生が当初から非常に面倒をみられた［北海道大学理学部編一九八〇：五六—五七］。

富永研究室付きの助手となった大内は、富永が主導したガラス工場の設置・運営に大きく関わるとともに、理化学ガラス器具に関する専門技術を習得した。この経験は、後に彼が天研に勤務するようになってから大いに活かされることになる。

また、大内は、北海道の土地柄を反映した研究活動にも携わっており、この経験も、やはり後に彼が天研で携わる業務につながってゆくことになる。

北大にいたときに火山ガスの研究に関わった。月一回くらい、いろんなところの火山に行って、火山ガスの調査を行なった。それから、北海道にいる間に、樺太の馬群潭というところへ泥火山の調査に行った。当時の樺太はまだ天然資源の調査がほとんど行なわれていなかった。そういうわけで、ガスの分析に関しては、台湾に行く前から素人ではなかった（筆者インタビュー）。

三　台湾へ

一九三五（昭和一〇）年、富永は五年間勤務した北海道大学理学部を離れ、古巣の東北大学理学部に教授として復帰する[3]。大内は富永とともに東北大学へ移ることを希望したが、諸般の事情により、この希望はかなわず、急いで次の職を探さなくてはならなくなった。すでに結婚し、一家の主となっていた彼には悠長に構えていられる余裕もなかった。このような境遇に置かれていた彼に対して富永が斡旋した就職先が天研であった。

天研ができるにあたって、僕は最初の応募者だった。北大におったときに、たまたま台湾で学会があって、それに師匠の富永斉先生が参加した。そのときにこの話がちらっと出た。そのときにはまだ天研は影も形もなかったが、そういうものができるという話で、それで先生が僕に行ってみないかとすすめてくれた。いろいろ紆余曲折があったけども、ちょうどその時期、富永先生が東北大へ移ることになったため、北大に僕の居場所がなくなり、どこかに就職しなくてはいけないということになった。ちょうどそんなときにこの話があり、じゃ行きましょうということで、すぐに決まった。採用試験というようなものはなかった。北大の助手という職であったから、無条件で受け入れられた（筆者インタビュー）。

一九三五年九月、三〇歳の大内は、富永の下で充実した学究生活を送ることができた北海道を離れ、北国・北海道とは気候風土、生活風習の異なる南国・台湾へと渡った。新天地台湾へ向かう航海の途上、彼は、まったく予想もつかない自らの将来を思い、大きな不安に駆られたという。実際、その航海の先で彼を待っていたのは、それまでの北海道での穏やかな日々とはおよそ対極の、泥沼の戦争へと突き進む帝国日本の最前線に置かれた軍事関連施設での奔走と苦悩と挫折の日々であった。

注

（1）東京物理学校の歴史については馬場［二〇〇六］を参照。

（2）戦後に大内が勤務することになるカゴメ株式会社の社史『カゴメ株式会社八〇年史』では、大内の北海道大学時代の肩書きは「北海道帝国大学理学部助手」となっているが、『北大理学部五十年史』では、一九三一～三五年に在籍した教官の名簿の「助手」欄に彼の名前が見当たらないので、厳密に言えば、彼の肩書きは、官制上において「助手」の下位に置かれる「副手」であったと推測される。

（3）富永が復帰して以降の東北大学では、理化学ガラスに関する研究開発活動や技術者養成がいっそう活発化する。理化学ガラス器具の軍事的需要の高まりを背景に、東北大学では、一九四一年に硝子技術員養成所が設立され、そして、終戦の数ヵ月前には硝子研究所が設立される。戦前・戦中の日本において東北大学は理化学ガラスの分野で最も充実した施設を備える大学だった［財団法人日本化学研究会「東北大学における理化学ガラス機器の開発」編集委員会編 二〇〇五：一一一―一一二］。逆に、富永が転出して以降の北海道大学では、理化学ガラスに関する研究開発活動や技術者養成が瞬く間に下火となり、この分野では東北大学の後塵を拝することとなる。

第二章　研究所設立時の奔走

一九三五（昭和一〇）年九月、北海道から台湾へ渡った大内は、天研の発足に立ち会った。その後、大内は、約一年にわたって研究所施設建設に関するさまざまな業務の遂行のために日々奔走することになる。

一　研究所設立の背景

一九三〇年代半ばの台湾

天研が設立される一九三〇年代半ばという時期は、日本統治期台湾における一つの転換点であった。

一八九五（明治二八）年にはじまる日本の台湾統治は一貫して植民地台湾の資源と労働力を日本

内地の発展のために利用することを基調としたものであったが、経済政策面では一九三〇年代半ばごろに大きな転換がみられた。それまでは、「工業日本、農業台湾」というフレーズが象徴するように、台湾は、製糖や米作を中心に農業をもって国家に貢献することを期待され、台湾総督府[1]は産業界と連携しつつ農業関連の資本投下（大規模な水利事業、輸送系統の整備、研究機関・技術者養成機関の設立など）を積極的に推し進めた。

しかし、一九三〇年代に入ると、満州事変、二・二六事件、そして盧溝橋事件を経て、日本が軍国化の一途を辿るなかで、植民地台湾も否応なく軍事体制下[2]に置かれることになった。「南進政策」と称される中国南方や東南アジアへの軍事的進出のための重要基地と位置づけられた台湾は、農業だけでなく工業でも国家に貢献することを期待され、台湾総督府は軍部や産業界と連携しつつ軍需産業への資本投下をいっそう積極的に推し進めた。また、その時期には、軍事活動ならびに工業化推進に欠かすことのできない地下鉱物資源開発や電力開発[3]も大きな進展をみせることになり、鉱物資源のなかで特に注目を集めたのが台湾各地で産出される石油および天然ガスであった。

一九三五（昭和一〇）年の天研の発足は、まさにこの時期の「農業から工業へ」という植民地台湾の転換点を象徴する出来事の一つであった。

台湾の石油・天然ガス

ここで台湾における油田・ガス田開発の歴史を簡単にひも解くことにしよう。一九世紀半ばごろ

図 2-1　新竹市周辺地図

にはすでに小規模な採油事業が台湾各地で行なわれており、また天然ガスの自然噴出も各地で確認されていた。一八九五（明治二八）年に日本の統治下に入った台湾では、総督府や海軍により欧米の最新技術を用いた油田地質調査ならびに試掘が各地で行なわれた。その結果、台湾の油田・ガス田の地質は新第三紀層に属し、主として砂岩、頁岩およびそれらの互層から成り、その分布は、南北に伸びる中央山脈一帯を除く台湾本島全体に及んでいるということがわかった［台湾銀行調査課編　一九三一：一］。なかでも新竹州下（現在の新竹市、新竹県、桃園県、苗栗県からなるエリアに相当）[4]において特に大きな石油・天然ガスの埋蔵が確認された。

　埋蔵量は石油よりも天然ガスのほうが圧倒的に大きかったが、先に開発されたのは石油であった。石油に関しては、日本石油株式会社によって開発された新竹州下の出磺坑鉱区（現在の苗栗県に所在）が大きな成果をあげ、一九二六（大正一五）年には最大時で一日

図 2-2　当時の錦水鉱区のガス井（黄鈞銘提供）

二一六・五キロリットルの産出量が記録された〔台湾総督府天然瓦斯研究所編　一九三九：一二〕。

一方、天然ガスに関しては、やはり日本石油によって開発された新竹州下の錦水鉱区（現在の苗栗県に所在）で大きなガス噴出がみられた。一九一四（大正三）年に第一号ガス井は最大時で一日八〇〇万立方メートルの噴出を記録し、その後に発見された第五号井、第八号井、第一〇号井でも大きな噴出がみられた。(5) しかし、初期には天然ガスは利用価値が認められず、むしろ油田の試掘作業の妨げになるものとして嫌われた。天然ガスの有効活用が少しずつ進むようになるのは、技術水準の向上によりガス中に含有される揮発油を分離採集できるようになる一九二〇年代半ば以降のことである〔台湾総督府天然瓦斯研究所編　一九三九：一二〕。

元号が大正から昭和に変わる一九二〇年代半ばごろになると、台湾における油田・ガス田開発は大きな進展をみせた。台湾総督府は海軍や開発業者と連携しつつ、一九二七（昭和二）年より四ヵ年計画で、総額約一八万円の資金を投じて大掛かりな油田地質調査ならびに試掘を行なった。また、このころまで北部に遅れをとっていた南部での油田・ガス田開発も進展し、やはり日本石油によって開発された牛山鉱区（現在の台南県に所在）において一九三〇年に記録的なガス噴出がみられ、従来、台湾農業を牽引してきた南部でも徐々に工業化の機運が高まりをみせた［台湾総督府天然瓦斯研究所編　一九三九：二］。

さらに、一九三〇年代半ばになると、先述のような時代要請（軍需工業化の必要）を背景に、台湾における油田・ガス田開発はさらに大きな進展をみせた。台湾総督府はやはり海軍や開発業者と連携しつつ、一九三五年より六ヵ年計画で、総額約四〇万円の資金を投じて大掛かりな油田地質調査ならびに試掘を行なった。その結果、新竹州を中心に各地で豊富な埋蔵量のガス井が多く発見された［台湾総督府天然瓦斯研究所編　一九三九：二］。

もともと台湾における油田・ガス田経営は長らく日本石油一社の寡占状態がつづいたが、一九三四（昭和九）年に後発の日本鉱業株式会社によって開発された新竹州下の竹東鉱区（現在の新竹県に所在）のガス田で記録的なガス噴出がみられ、それを契機として、新旧開発業者の間での競争が熾烈化した。その結果、台湾における石油・天然ガス（特に後者）の産出量は飛躍的な伸びをみせた。国史館台湾文献館デジタルアーカイブスに保存されている統計資料によれば、一九三五年に六六〇〇万立方メートルだった台湾全体の天然ガス産出量は四年後の一九三九年には七〇％増の一億一四〇〇万立方メートルに達していた。

このように、台湾総督府は、石油・天然ガスの産出量拡大のための諸政策を推し進める一方で、産出された石油・天然ガスの工業的利用促進のための諸政策も打ち出すことになる。先述のように、石油に比べて天然ガスは当時の技術水準では工業的利用が困難であり、産出量が飛躍的に伸びていたにもかかわらず、それに応じた需要量の伸びがみられずにいた。当時の国情からして、天然ガスは為政者にとって喉から手が出るほど貴重な資源であったにもかかわらず、技術上の限界からほとんど有効活用されずに捨て置かれていた。当時の台湾の官報である『台湾日日新報』（一九三五年六月一九日付）に掲載された記事「天然瓦斯研究所と其重要性」には、当時の台湾における天然ガス利用状況について次の記述がみられる。

併し今日迄に於ては出礦坑油田に於ては一時は日産三百石の原油を湧出したこともあり、之を累算すれば相当分量に達して居るであろう、又た錦水油田に於ては莫大の瓦斯を噴出し已に今日迄の総量七百五十億立方呎[6]に達し、之を台北現在の石炭ガス市価一立方米九銭を単位として此の七百五十億立方呎に換算すれば実に五億円の巨額に達する、然るに此天然ガスよりは揮発油とカーボンブラック[7]を採取した外、工業用及び家庭用燃料として其少量を利用して居るのに価額を積算するも僅かに数百万円に過ぎないことは、全く天物暴殄の誹りを免れる事が出来ないのである。…（中略）…

而も此の天然ガスが誠に都合好く出来て居るという点は、之より揮発油分を抽出してもガス量が之が為めに僅かに一％内外しか減じないことに在る、揮発油分抽出のあとの所謂廃ガスは炭酸ガスに於て少量を増し重炭化水素とメタンを少しく減ずるのみで、其の発熱量は依然として石炭ガスの二倍を維持して居るので、動力用燃料として大なる価値を有する、然るに現在としてはこの廃ガスより少量のカーボンブラックを採取するのみで、後に残って居る莫大の発熱量即ち幾多大工業の動力に利用し得るものを徒らに空中に放散して居ることは誠に勿体なきことであり、又た不合理と言わねばならないのである。

このように貴重な資源をみすみす捨て置くという「不合理」を解決し、その工業的利用に関する研究開発事業を積極的に推進するべく、台湾総督府は、一九三五（昭和一〇）年一〇月、殖産局鉱務課付属の研究開発機関として天研を発足させることになる。

研究所設立に至る直接的経緯

天研設立以前においては、主に台湾総督府中央研究所[8]の工業部に属する一つのグループが天然ガス資源に関する研究開発業務に従事していたが、それだけでは時代の要請に応えることができないとみなされ、新たに天然ガスの研究開発業務に特化した機関として天研が設けられることになった。この意思決定の背景には、産業界からの強い要望があったようで、その経緯を大内は次のように説明している。

昭和九年に日本石油の油田でも日本鉱業の油田でも石油ではなくてガスがたくさん吹いたもんだから、ガスの利用を考えなければいけないということで、両会社が当時のお金で五万円ずつ台湾総督府に寄付し、天然ガス専門の研究所をつくろうということになった。昭和一〇年二月のことで、それがそもそもの事の発端だった（筆者インタビュー）。

このような経緯から研究所施設建設の資金を得た台湾総督府は、急ぎ初年度（一九三六年）の研究所経費一五万一五〇〇円を計上するとともに、研究所発足に向けた基本計画の作成に着手した。その際に中心的役割を担ったのが総督府殖産局の中瀬拙夫局長、同局鉱務課の西村高兄課長、鉱務課所属の高橋春吉技師、中央研究所工業部の加福均三部長（後に中央研究所長に昇進）といった総督府の事務官・技術官であった［台湾総督府天然瓦斯研究所編 一九三九：一六］。なお、大内は、このなかの加福と恩師・富永の個人的関係を通して天研の求人情報を得ている。

研究所人員のリクルート

天研を発足させるに当たり、その基本計画を作成した台湾総督府の面々は、さまざまな人脈を通じて研究所人員のリクルートを行ない、一九三五（昭和一〇）年一〇月下旬までに全国各地から理化学分野の研究者一〇名（高等官の技師四名、判任官の技手六名）が集まった。名目上の所長職は総督

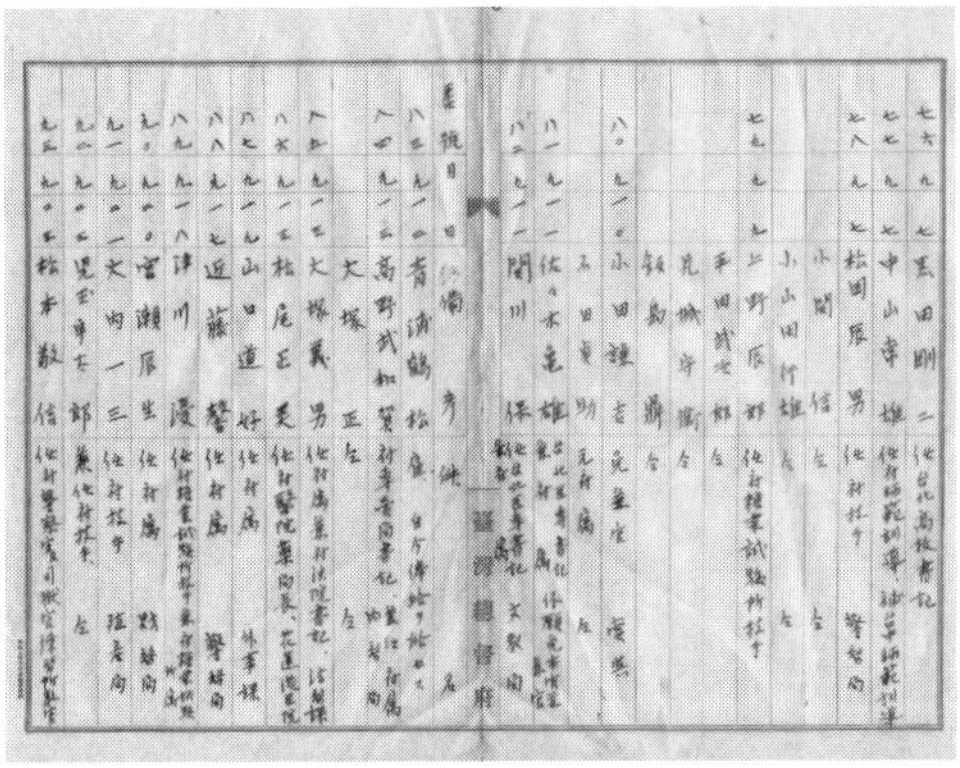

図 2-4　台湾総督府職員名簿（1935 年）における大内の情報

図 2-3　小川亨所長（陳培基提供）

府殖産局の局長が兼任したが、実質的な所長職に当たる主任技師には、海軍技術将校の小川亨（京都帝国大学理学部出身、理学博士）[9]が任命された。小川は、それまで山口県徳山市（当時）の第三海軍燃料廠に勤務し、当時の日本における石炭液化研究の第一人者であった。大内もやはりこの時期に台湾総督府より技手に任命された。

僕が台湾総督府の技手となったのは昭和一〇年の九月のことで、僕が一番乗りだった。台湾総督府に研究所の準備室があった。行ってみてびっくりした。というのは、まだ何も決まっていなかったもんだから。

台湾に着いてしばらくしてから、絹巻さんに会った。僕の親友だった。彼はもともと東北大学で助手をやっていた人で、富永先生が東北大学で助教授をしていたころのお弟子さんだった。彼も富永先生の推薦で天研に職を得ていた。……そして、一〇月になって小川所長と永井がやって来た。一〇月下旬には、研究者は僕を含めて一〇人になった。…（中略）…

小川所長とは台湾に来てはじめて会った。僕が台湾に着いたときには、まだ小川所長は台湾に来られていなかった。もともと徳山の海軍燃料廠にいた人だから、すでにかなり前から所長の人事は決まっていたはずだけれど、そのあたりのことはよくわからない。彼は京大で博士学位をとったエリート、優秀な人だった（筆者インタビュー）。

天研関係者が戦後に立ち上げた親睦団体「赤土会」[10]の会誌『赤土会会誌』第四号（一九八四）に掲載された大内の回想文「天然瓦斯研究所発足の経緯と思い出」によれば、研究所発足時の所員は以下の通りである。

・技師（技術系高等官）

小川亨（主任技師）、絹巻蒸、鹽見賢吾、小倉豊二郎

・技手（技術系判任官）

大内一三、松井明夫、永井弘之、桑名彦二、安東重彦、川竹直作

・属（事務系判任官）

平野三郎

二　「何でも屋」の奔走

丸投げされた大仕事

先述のように、一九三五（昭和一〇年）一〇月発足時点の天研は、台湾総督府の殖産局鉱物課に準備室が設けられただけの、まさに有名無実の存在であった。研究所発足からしばらく後、大内は、欧米諸国への視察旅行に出ることになった小川に代わり、研究所施設建設に関する一切の監督業務を主導した。

昭和一〇年一〇月に研究所の設立委員になった。最初はよくわからないまま小川所長に付いて回っておったが、そのうち小川所長から「お前さんが研究所を建てろ」と言われた。「ここに一〇万円あるから、これで何とかしろ」と。やれと言われてもどうやればいいのかわからなくて困った。当時、僕はまだ三〇歳で、右も左もわからない。だから、自分にそんな大仕事ができるとは到底思えなかった。そのときに小川所長から言われたのは「お前さんはいくつかのところを渡り歩いてきていて、いろいろ経験がある。だから、お前さんが研究所をつくれ」という言葉だけ。本当にびっくりした（筆者インタビュー）。

研究所施設建設に当たって小川が大内に与えた指示は、新竹市付近で敷地三〇〇〇坪程度を確保し、そこに本館一棟（四〇〇坪程度）、鉄筋コンクリート製工場一棟（一〇〇坪程度）、木造工場二棟（計二〇〇坪程度）を完成させ、さらに、施設内に電気・ガス・水道を通すまでの作業を予算一〇万円の範囲内で、遅くとも翌一九三六年八月までに行なうようにというものであった。このように大きな困難が予想される指示を受けて、大内は戸惑いを隠せなかったが、結局は、小川に押し切られるかたちで指示に従うことになった。

できればそんな土建屋さんのような仕事をしたくなかった。しかし、他に誰もそういうことをやる人間がいなくて、結局、僕がしかたなくやることになった。僕は広範囲で、いろんなことをやっておった。いわゆる「何でも屋」だった（筆者インタビュー）。

この「何でも屋」という表現は、筆者が行なったインタビューのなかで大内が台湾時代の自身を指して幾度となく口にしたものである。

研究所用地の確保

大内が天研に着任した時点では、いまだ研究所用地が確保されていなかっただけでなく、研究所施設を具体的にどの地点に設けるかさえ決まっていなかった。大内が主導した現地調査の結果、いくつかの候補地のなかから赤土崎の地（新竹市東郊の十八尖山の麓に立地する傾斜地）が研究所用地に選ばれた。

あの場所に決めたのは僕だ。他にもいくつか候補地があった。新竹神社の隣とか刑務所の隣とか。しかし、そこだと拡張の余地がない。だから、拡張の余地を考えて、あの場所を選んだ。そこなら天然ガスがとれる竹東や苗栗にも近くて便利だった。他にも海岸線の近くに良い土地があったけれど、そこだと水害のことを考えなければならないので、ふさわしくなかった（筆者インタビュー）。

このように研究所用地に選ばれた赤土崎は、研究所用地拡張の余地が大きく、そして、錦水や竹東といった最も重要な天然ガス産出地へのアクセスが良いという「地の利」を備えていた。実際、完成後の天研の実験室や工場で使用される天然ガスは、日本石油の錦水鉱区ならびに日本鉱業の竹東鉱区からパイプラインを通して安定供給されることになる。

研究所用地確保のための行政との折衝もやはり大内が主導した。その結果、確保された研究所用地の総面積は約三四〇〇坪であった。うち一六〇〇坪は新竹市役所から無償で提供されたものであり、残りの一八〇〇坪は民間からの買収によるものであった。

本館の設計

研究所の顔であり、心臓部でもある本館の設計を行なうにあたり、大内は、土木工事に関係するさまざまな機関に足を運び、多くの専門家に意見を求めた。その際に特に大きな助けとなったのが、一九二八（昭和三）年に東京・京都・東北・九州・北海道・京城に次ぐ七つ目の帝国大学として設立された台北帝国大学[11]とのコネクションであった。

　本館の建物に関してはかなり工夫した。その当時、台北帝大に農業気象を専門にやっている教授がいた。台北帝大にいた古い友人の紹介で、その先生の研究室を訪ねたところ、台湾のような暑いところでは、窓を小さくして壁を厚くしてつくったら夏に涼しくていいと言われた。その意見を参考にして建物の構想ができた。

　僕が台湾で割合うまく仕事ができたのは、台北帝大にいた僕の同級生のおかげなんだ。この男は東大を出た後、台北帝大で植物学の助教授をしておった。この関係で僕は大変に得をした。彼が、台北帝大の農業気象の先生をはじめ、いろんな人を紹介してくれた。友達というのは本当に尊いものだ（筆者インタビュー）。

また、大内は、前出『赤土会会誌』掲載の回想文のなかでもその経緯に触れている。

実動本建築四〇〇坪を一般の亭仔脚付では少なくとも五五〇坪以上となる等、予算の面から圧迫されて実現しそうもない。そこで気象台、台湾大学農業気象教室等を歴訪して次の結論を得た。

「台湾の気象では熱線が多い、それ故内地で云う様な明るい開放建築を作るには亭仔脚が必要であるが窓を小さく壁を厚くすれば台湾でも亭仔脚なしでもよくは無いか」と云うことである。早速営繕課に此の旨申入れた。

この亭仔脚（アーケード）なしの案は、設計を担当する台湾総督府の営繕課でも難なく受け入れられた。しかし、問題は他にもあった。建設予定地はなだらかな傾斜地であり、このような場所に本館を建てることが設計上難しいということがわかった。この問題に関しては、営繕課の現場経験が豊富な技術者の努力によってクリアされた。

現場監督業務

研究所施設建設工事開始を前に新竹市商工会議所の一室に研究所の仮事務所が設けられ、大内がそこに常駐することになった。当初、研究所スタッフの常駐は大内のみであったが、その後、新たに研究所に加わった四名（うち二名が日本籍、二名が台湾籍）が合流する。その時期に商工会議所にし

図 2-5　地鎮祭（陳培基提供）

ばらく駐在したことは、その後の新竹での大内の境遇に大きな影響を及ぼすことになる。

そして、一九三六（昭和一一）年一月二三日、研究所施設建設工事が早くも起工した。その後の半年にわたる建設工事期間において、大内は、研究所用地の造成から、電気・ガス・水道の設置[12]にいたるまで一切の現場監督業務を主導した。

建設業界との関係は、最初、台湾総督府の営繕課が用意してくれて、それに乗っかっただけのことだ。建設業界というのは有機的にできておるもんだから、一つしっかりと関係ができたら、どんどん広がっていって、楽になる。このときに、土地を買うことだとか、あるいは土地を造成することだとか、いろんなことを学んだ。もともと研究所の土地は丘陵地だったが、この造成は僕が中心になってやったものだ。…（中略）…

図 2-6　建設工事現場の大内（前列左端）（陳培基提供）

研究所の建設に当たった業者の間では、大工が福建人で左官が客家人(13)であったので、揉め事が絶えなかった。このときに異文化の難しさということを思い知った。彼らを仲良くさせるにはどうしたらいいのかと随分考えた。よく一緒に酒を飲んだ。日本酒を飲んだり、紹興酒を飲んだり。酒の肴には福建の料理もあれば客家の料理もあり、腹に溜まるものなら何でも食べた。馬鹿みたいにワーワー騒いだけれど、こうやって酒の場で聞いたいろいろな話は現場で非常に役に立った。このころは本当によく飲んだ。飲まざるを得なかった。しかし、いくら飲んでも酔わなかった。責任者だから、酔うわけにいかなかった（筆者インタビュー）。

さらに、大内は、研究所施設の外観やアメニティという点にも十分に気を配っており、あれこれ知恵をし

図 2-7　完成した天研本館（陳培基提供）

ぼることで、限られた予算を消化することなく、その整備を速やかに行なった。その様子を大内は前出『赤土会会誌』掲載の回想文のなかで記している。

垣根、門も無いノッペラ坊の研究所が出来つつあるが、外観を整える必要から道路側に土堤を築き、そこへ建築古材を丸焼きにして杭材とし、竹を結えて垣根の体裁だけは作る様に努力し、十八尖山から植樹を貰い、残材で噴水一つと松の植込、更に公園課から筏葛（イカダカヅラ）（ブーゲンビリア）の苗木を貰って来て植えて体裁を整えた[14]。

なお、研究所スタッフ用宿舎に関しては、大内が新竹市役所に働き掛け、市営住宅を借上官舎とした。それゆえ、宿舎建設費用は、予算一〇万円から捻出されたものではない。この宿舎の建設は研究所施設完成間近の時期に突貫工事で行なわれたため、壁が完全に乾いていない状態で入居した者も少なくなかった。

開所式の舞台裏

一九三六（昭和一一）年七月九日、着工よりわずか半年で研究所施設が完成し、八月二七日には開所式が執り行なわれた。開所式の二週間前に『台湾日日新報』（一九三六年八月一三日気付）に掲載された記事「新化学の殿堂　天然瓦斯研究所　二十七日盛大に開所式を挙行」には次の記述がみられる。

台湾総督府天然瓦斯研究所は本島に於ける大天恵たる天然瓦斯の利用研究の為新竹市赤土崎新竹水道水源地に接する三千四百坪の敷地に本年初頭より建築工事中の処愈愈落成を見たので来る八月二十七日午前十時から盛大な開所式を挙行、午後は新竹市主催の祝賀会が開かれ午後四時より新竹市有楽館に於て瓦斯関係通俗講演会が開催され更に同日は所内に瓦斯関係品の陳列をなし来賓並に市民一般に天然瓦斯の効用を認識せしめる計画となっている。同研究所は天然瓦斯の利用を徹底的に研究し此の研究は学理上のみならず新に工場試験等に依り実地に利用の方法を研究するもので之が成果は我国現下の燃料問題に甚大な影響を与うべく内外関係者の注目を引いている。同所は殖産局長を所長に鉱務課長を主事に充て我国液体燃料界の権威たる小川亨理学博士を主任技師とし技師四、属一、技手七、雇傭[15]二四の職員が鋭意研究に従事して

図2-8　開所式での来賓祝辞（陳培基提供）

いる…（中略）…。

尚開所式当日の招待者は五百名に上り、天然ガス関係の陳列品としては各種石油自動車及飛行機の模型、ガスマツク（ママ）、楽焼装置、油田掘鑿機具等で楽焼の部では目の前で天然ガスで焼いた陶器を来賓に分配する趣向になっている。

この開所式の舞台裏でもやはり大内の骨折りがあった。

昭和一一年七月に研究所は完成し、開所式をしなければならないということになったのだが、総督府から「開所式の費用は残してあるのか」と言われて、「そんなものいるんですか。もうほとんど使ってしまって、金はありませんよ」と言ったら、「そんな困ったこと言うなよ」とたしなめられた。それで調べてみると、七〇〇円だけ残って

図 2-9　開所式での館内見学（陳培基提供）

おって、その金で開所式をやることになった。開所式は研究所の建物でやった、テントを張って。開所式が行なわれたのは昭和一一年の八月二七日。その日は暑い日だったけれど、みんなが建物のなかは涼しいなと言ってくれたときには、涙が出るほどうれしかった（筆者インタビュー）。

大内の苦労の甲斐あって、研究所施設は、上から指示された期限内で、そして、上から与えられた予算内で完成し、開所式を無事に執り行なうことができた。

開所時の施設全貌

研究所施設開所時に天研が刊行した報告書『天然瓦斯研究所新営工事概要』には、次の記述がみられる。

新営計画大要

一、敷地概況

図 2-10　開所式後の祝賀会（陳培基提供）

本建築敷地ハ新竹市ノ東方十八尖山々麓ノ丘陵地域ニ位シ上水道用路ト小渓ニ画セラレタル三角形地ニシテ地盤面ハ西北方ニ約一七分ノ一ノ傾斜ヲナス

一、建物配置

建物ハ右最大傾斜方向ニ略々直角ニ地盤ヲ段形ニ整地シ季節風ニ対シ建物風圧面ヲ最小限度ナラシムル様並列シ渡廊下ヲ以テ連絡ス

一、本館平面計画

建築位置ノ地盤ノ高低ヲ利用シテ前家及後家ニ区分シ前家上階床面ヲ後家二階建（主トシテ実験室）ニ対シ中二階床面ニ置キ其下階一部ヲ地下室トシ倉庫及恒温実ル験室ニ充ツ

一、防火設備

本館ハ防火扉及「シャッター」ヲ以テ四区画ニ区分シ室内消火栓ヲ各階ニ設置シ、災害ヲ部分的ナラシムル如クナシ又工場ニ対シテハ第一工場ヲ鉄骨耐火構造トナシ且ツ屋外消火栓ヲ二箇所設備ス

一、実験用設備
実験台一一九　耐震天秤台一「ドラフトチャンバー」六及造付流シ一五ヲ設備シ之ニ瓦斯口一五六　給水口一二〇　電熱差込口三八ヲ配備シ「ドラフトチャンバー」及暗室ニ換気用「ブロワー」ヲ設置ス
一、工作用設備
工作台　作業台　材料仕分棚　流シ等ヲ設備シ瓦斯口一七　給水口九　電気動力線三　電熱線四ヲ配備ス
一、給水加圧設備
「ポンプ」室ニ加圧「ポンプ」ヲ設置シ水柱四〇米ノ加圧ヲナス
一、照明設備
本館及工場ヲ通ジ屋内照明灯五四及差込口一四ヲ設置シ外ニ屋外照明灯四ヲ配置ス

［台湾総督府天然瓦斯研究所編　一九三六：二一―二二］

同報告書には、建物ごとの構造・坪数・請負金額・施工請負人氏名を示す表、附帯設備工事ごとの請負金額・施工請負人氏名を示す表、建物ごとの配室を示す表、研究所配置図が掲載されている。

ガラス工場の設置

研究所内に設けられた各種設備のほとんどは開所後に整備されたものであるが、このなかで特筆

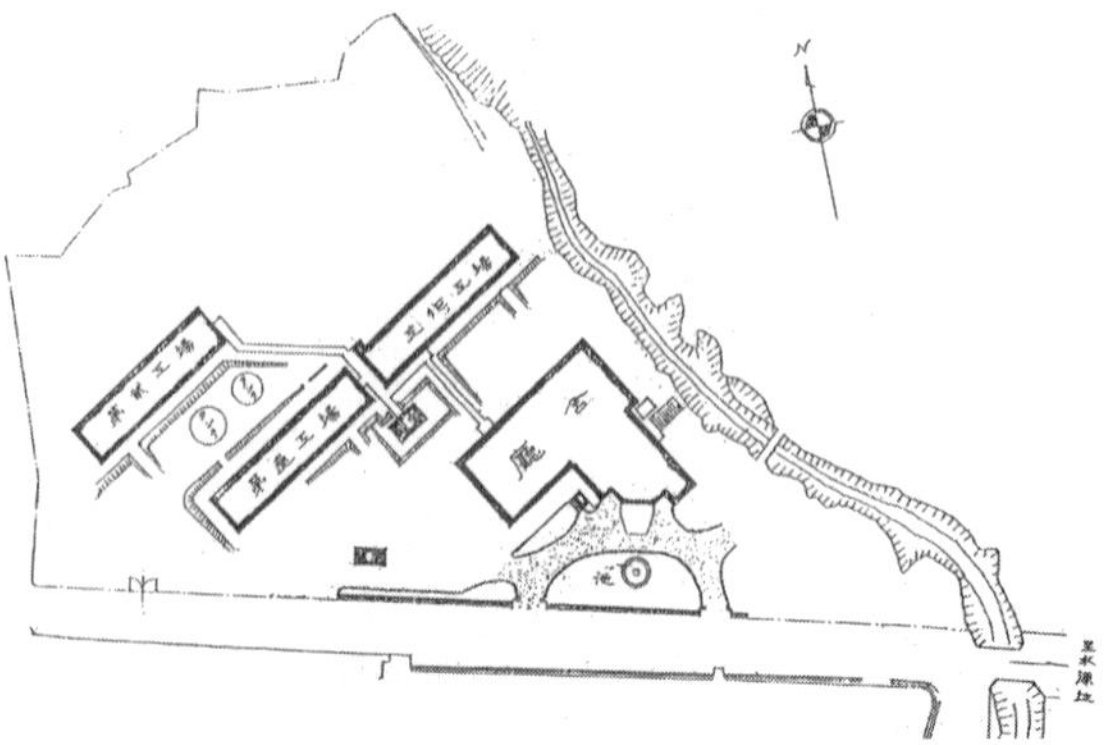

図 2-11　研究所配置図（開設当初）
出典：台湾総督府天然瓦斯研究所編（1936）

すべきはガラス工場であり、その際に最も重要な役割を果たしたのが、それ以前に北海道大学においてガラス工場の設置・運営に携わっていた大内である。

北海道大学に設けられていた施設はガラス工場という名前であったけれど、実際には理化学系のガラス装置をつくる施設だった。そこにいた遠藤という男が、僕が台湾に来る少し前に台北帝大に移った。それから、大山という男が僕の関係で天研に移って来た。僕は彼らと協力して天研のなかにガラス工場を立ち上げた。研究所ができてすぐのころの話だ。その後、大山は結核になって死んでしまい、その代わりに遠藤の弟子で藤川という台湾の高等工業学校を出た男が天研に来た。このころ、ドイツ人のケスラーというガラスの専門家がいて、時々天研に来て指導してくれた。もともとこのケスラーというのは北海道大学と関係を

表 2-1　建物ごとの構造・坪数・請負金額・施工請負人氏名

建物名	構造	坪数（坪）	請負金額（円）	施工請負人氏名
本館	鉄筋コンクリート・レンガ造二階建	上階　184.573 下階　210.005 小計　394.578	53,850.00	河村建設
別館	木造平家建	10.000	1,170.00	同上
自動車庫	同上	7.000	620.00	同上
工作工場	同上	99.025	6,590.00	同上
第一工場	鉄骨造平家建	100.000	12,950.00	高進商会
第二工場	木造平家建	90.000	4,730.00	河村建設
渡り廊下	同上	380.000	38.00	同上
		計　738.603	計　81,150.00	

出典：台湾総督府天然瓦斯研究所編（1936）

表 2-2　附帯設備工事ごとの請負金額・施工請負人氏名

工事名	請負金額（円）	施工請負人氏名
給水設備工事	1,773.00	新竹市役所
給水栓類納入	500.00	堀内商会
給水加圧ポンプ設置工事	498.00	台北カネタツ株式会社
ガス設備工事	1706.71	日本石油株式会社
電気設備工事	5,682.91	台湾電燈株式会社
電燈照明器設置工事	590.00	同上
ドラフト・暗室排気設備工事	580.00	辻鎌二商店
防火扇設置工事	772.14	高進商会
外柵新設工事	350.00	河村建設
恒温実験室設備工事	5,700.00	台北カネタツ株式会社
ガスタンク設置工事	?	台北カネタツ株式会社

出典：台湾総督府天然瓦斯研究所編（1936）

表 2-3　建物ごとの配室

建物名	階別	室名
本館	上階前家	玄関、広間、所長室兼応接室、事務室、宿直室、湯沸室、便所、廊下
	上階後家	技師室兼実験室（一室）、実験室（三室）、会議室兼図書室、図書庫兼図書係室、廊下、階段室
	下階前家	恒温室、同附属機械室、薬品及材料倉庫、特殊薬品庫、廊下、ポンプ室、ドライエリア
	下階後家	技師室兼実験室（三室）、実験室（四室）、天秤台、暗室、廊下、階段室
別館		硫化水素室実験室、酸室
自動車庫		自動車置場、洗場、物品庫、控所
工作工場		機械工場、事務室、硝子工室、材料倉庫、炊事場、浴室、シャワー室、便所
第一工場		電気炉室、液体空気室、控室、ガス計量器室、配電室
第二工場		全一室

出典：台湾総督府天然瓦斯研究所編（1936）

もっていた。

研究所のなかにガラス工場が設けられたのは、まず何より、研究所で使用する高いガラス器具を自前でつくることができれば安上がりだからだ。それから、新竹周辺は珪砂の産地なので、ガラスの材料に事欠かないし、天然ガスを燃料として使えば、きれいなガラス器具をつくることができるというような有利な条件がそろっていた。

北海道大学のガラス工場は、富永先生が昭和一〇年に東北大学に転勤になってからは発展しなくなった。逆に、富永先生が移られた東北大学ではガラスの研究が大きく発展した。

当時の日本でガラスの研究が最も進んでいたのは北海道大学と東北大学だったと思う。というわけで、台湾のガラス細工はほとんど北海道大学と東北大学から入ってきたものだ（筆者インタビュー）。

かつて設立当初の東北大学理学部や北海道大学理学部がそうであったように、天研もやはり理化学方面の先行蓄積を備えない土地に設けられたため、研究所の実験施設において必要不可欠な理化学ガラス器具をいかに確実に、そして、低コストに調達するかが重要事項であった。こうした条件下で、大内は、それまでの東北大学・北海道大学での経験を参考にしながら、天研内でのガラス工場設置に尽力した。その後、大内が「橋渡し」役となって、両大学から理化学ガラス関連の先進技術が天研に伝えられたが、[16]これにとどまらず、この技術は、後述するように、新竹地域のガラス工業の発展に大きく寄与することにもなる。

三　研究所のテイクオフ

ミッション

小川亨が学術雑誌『動力』に寄稿した論文「台湾の天然ガス」には、図2―12に示す天然ガスの工業的利用一覧が掲載されている。小川によれば、「其内の一酸化炭素、エチレン又はアセチレンの如きを執っても、其から誘導されるであろう化合物は数十、数百の多きに達する故、ガスの利用は其生産地の事情及び一般経済情況と関連して考へなければ、其利用の意義は全たし（完全である）とは云はれない」とのことである〔小川　一九三六：五、（）内は筆者補足〕。

一九三九（昭和一四）年一月に天研が発行した報告書『台湾の天然ガスと天然瓦斯研究所』には、

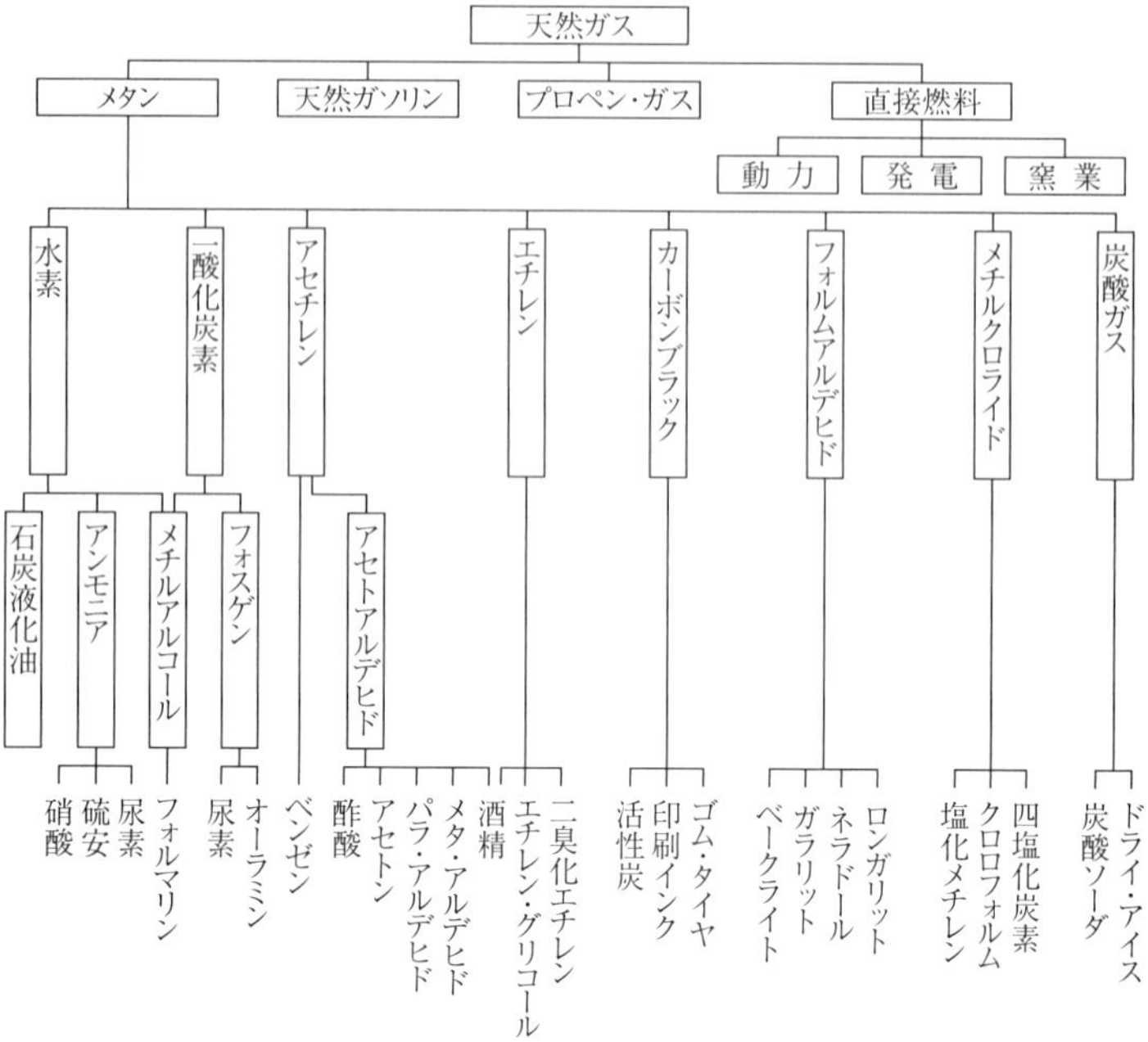

図 2-12　天然ガスの工業的利用一覧　出典：小川（1936）

台湾で産出される天然ガスの性質について次の記述がみられる。

坑井より噴出したる天然ガスは同ガス中に含有の揮発油分を除去せられたる後は略（ほぼ）メタン含有量九十七％程度のガスなるを以て天然ガスの利用は又メタンの利用とも極言し得べし
［台湾総督府天然瓦斯研究所編　一九三九：六、（）内は筆者補足］。

このメタン（CH4）の利用法は直接的利用法（燃料としての利用）と間接的利用法（化学的に処理し各種の有用物質の生産をはかる）の二つに大別され、同報告書によれば、「我国に於けるが如く比較的資源に乏しき国情にありては資源は極度に高能率を以って利用を計る必要があるは論を挨たざる所なるを以て台湾の天然ガスも畢竟するに後者の化学的処理により利用する方途を講ずるを要す」。しかしながら、「炭化水素類の基準の化合物にして同種化合物が分解したる場合の最終的化合物なるを以て甚だ安定性を有するもの」であるメタンの「化学的処理」は、この当時の技術水準では決して容易ではなかった［台湾総督府天然瓦斯研究所編　一九三九：七］。

このように取り扱いが困難なメタンを主成分とする台湾産天然ガスの工業的利用の発展に貢献することを天研は期待されていた。

初期の組織体制と研究成果

研究所施設が完成する一九三六(昭和一一)年八月以降、天研は、国家の戦時体制化を背景に拡大成長をとげた。研究所予算は、初年度(一九三六年)に一五万円程度であったものが、二年後の一九三八年には七〇万円程度にまで増加した[台湾総督府天然瓦斯研究所編 一九三九:一六]。これにともない、所員の数もやはり大幅な増加をみせた(数の上でのピークは一九四二年ごろで、一二〇名前後であった)。

報告書『台湾の天然ガスと天然瓦斯研究所』には、一九三九年一月時点での天研の研究部門体制が記されており、分析及試験係、基礎研究部、工業実験部という三つの部門で構成されていた。三部門のそれぞれの業務内容を簡単に紹介すると、まず、分析及試験係は、ガス分析担当と燃料油試験担当から成っていた。前者では、台湾各地で産出される天然ガスの分析、ガス全般の分析法に関する研究が行なわれていた。一方、後者では、天然ガスより生産される燃料油ならびにその他の燃料油の性能試験、天然ガスを内燃機関に使用するための研究が行なわれていた[台湾総督府天然瓦斯研究所編 一九三九:二〇]。

基礎研究部は、燃焼研究室、酸化研究室、分解研究室、重合研究室から成っていた。燃焼研究室では、天然ガスを燃料として使用する際のバーナーや炉に関する研究、カーボンブラック製造のための研究が行なわれていた。酸化研究室では、天然ガスを直接あるいは触媒の下で酸素、水蒸気、炭酸ガス、酸化金属と作用させてホルマリン、メタノール、蟻酸の酸化生成物あるいは水素・

図 2-13　合成石油製造工場（陳培基提供）

一酸化炭素混合ガスを製造するための研究が行なわれていた。分解研究室では、天然ガスを各種の温度および触媒の下で炭素および水素に分解する研究が行なわれていた。そして、重合研究室では、天然ガスを触媒の下で重合させて行なう不飽和炭化水素ガスまたはベンゾールのような芳香族燃料油の合成、天然ガスより生産される各種不飽和炭化水素類の燃料油への重合、水素・一酸化炭素混合ガスからの合成石油の製造に関する研究が行なわれていた［台湾総督府天然瓦斯研究所編一九三九：二〇］。

工業実験部は、水素製造工場、合成石油原料ガス製造工場、カーボンブラック製造工場、合成石油製造工場から成っていた。水素製造工場では、天然ガスから水素を製造する（厳密に言えば、触媒により天然ガスから水素と炭酸ガスを生成させ、それから炭酸ガスを分離させる）実験が行なわれていた。合成石油原料ガス製造工場では、天然ガスより合成石油原料ガス（水素・一酸化炭素混合ガス）を製造するための実験が行なわれていた。カーボンブラック製造工場では、天然ガスよりカーボンブラックを製造するための実験が行なわれていた。そして、合成石油製造工場では、天然ガスより生産される合成石油原料ガスを使用して合成石油を製造するための実験が行なわれていた［台湾総督府天然瓦斯研究所編　一九三九：二一］。

報告書『台湾の天然ガスと天然瓦斯研究所』には、一九三九年一月時点ですでに一定の成果をあげていた項目として、水素製造、合成石油原料ガス製造、カーボンブラック製造に関する基礎研究のほか、石炭液化に関する研究、天然ガス塩素化に関する研究、天然ガス熱重合に関する研究、天然ガスと酸化鉄反応に関する研究（合成石油原料ガス製造のための研究）、エチレンと水素の重合に関する研究、天然ガス自動車に関する研究があげられていた［台湾総督府天然瓦斯研究所編　一九三九：二二］。

では、研究所施設完成から二、三年間の天研において大内はどのような立場に置かれ、そして、どのような研究成果をあげたのか。先述の研究部門体制において大内が担うことになったのは、分析及試験係のガス分析担当（台湾各地の企業、研究開発機関などからガス分析業務を受託）であるが、実際には、施設完成後も彼はガラス工場や液体空気室の設置をはじめさまざまな研究外業務をこなす日々を送った。こうした研究外業務からようやく解放され本業に打ち込もうとしていた矢先の一九三七年九月、大内のもとに召集令状が届き、その後一九三九年一一月までの二年三ヵ月間、彼は中国各地を転戦することになる。そのため、研究所設立後の最初の五年間において大内はほとん

図 2-14　所員一同での記念撮影（1939 年）（陳培基提供）

ど研究業務に携わることができなかった。

初期の所内日常風景

大内が中国各地を転戦していたころ、台湾でも急速に軍需工業化が進められるようになっていたとはいえ、多くの住民にとって戦争はまだ遠く離れた土地で起こっていることであり、大内不在の天研では平穏な日々がつづいていた。一九三九（昭和一四）年六月に天研に入所した松下千代春は当時の研究所の日常風景を『赤土会会誌』第二号（一九七四）に掲載された回想文「私の勤めた頃」のなかで次のように記している。

> 山肌をすっぽりと包んで生い茂った相思樹の十八尖山、その麓にある水源地、ゆるやかな線のゴルフ場、相思樹のふかい緑とゴルフ場の明るい緑が見事なコントラストを見せていた。これとは対象的な荒れたグラウンドが山の西側に広がって

図 2-15　十八尖山方面よりのぞむ天研本館（開設当初）（陳培基提供）

いた。このグラウンドを造る為に切り開いたと思われる断面が山の中腹を北から南へ一直線に走り、ながい間の風雨に洗われて、この地方特有の赤い地肌を痛々しく表わしていた。市街地から遠く、こうした静かな環境のなかに天研があった。

…（中略）…

この頃の建物は広い敷地の南側に寄せて建ててあった。市街地から天研に通ずる道は竹東街道からのものと花園町の住宅地を通りぬけ、公園の丘を越えて来る一本道とがあった。この一本道は幅の狭い砂利道で、両側に若いモクモアの並木があった。えらく長くて、歩きにくい道であったように記憶している。天研の正門はこの道の方にあり、門を入ると本館（後日、旧館と呼ぶようになった）があり、玄関の出入口の上部にはクラシックな感じの文字で天研の表示がしてあった。この玄関は行事や応召者を送り出すときなどよく、記念撮影

図 2-16　天研所員の懇親会（1940 年）（陳培基提供）

の場所に使われていた思い出深い所である。その玄関の前には松の植込みがある芝生の庭があり、中央には池があり、池には噴水があって、絶えずきれいな水を噴きあげていた。手入れのゆき届いた松の枝ぶりと鮮やかな芝の緑は今だに強く印象に残っている。

本館を入ると、直ぐ左右に庶務と会計の部屋、正面の階段を昇り切ると、突き当りが所長室であり、右側に図書室と集会室を兼ねた広間があった。右側に松井室とドラフト室があり、階下には絹巻室や鹽見室のほかに薬品倉庫があった。本館から渡り廊下で裏に出ると工作工場（この棟の南側がガラスの工作室）、隣りに機械室が一棟あった。また、本館北側の通用門に通ずる道を隔てて研究室一棟があり、ここは永井室と小倉室、奥の部屋が集会室になっており雑誌会によく使われていた。構内の北西隅にはクラブがあった。ここは純和風の建物で、来客の宿泊や職員の給食等のほか、囲碁、将棋、麻雀等の娯楽設備が完備し、職員であれば、誰れにでも使用をさせていた。このほか、俳句や謡曲等の趣味の会もここで行われ、希望者は自由に参加できる仕組みで、家族達も参加していた。ことに、俳句の会はなかなかの人気で、所長の奥さんや娘さん、平野さんの奥さんなどの姿も時々見かけた。後日、この隣に卓球とビリヤードの娯楽室が一棟できたが、所内の卓球大会とかビリヤード大会が行われ、職員融和の実を大いにあげていた。以上は私が赴任した頃の建物で、後年、カーボン工場に続いて、合成石油関係の設備や建物ができた頃と比較すると、規模は遥かに小さなものであった。然し、規模は小さくとも内容は充実していた。工作工場には当時としては優れた高性能の各種工作機械が動き、生き生きとした音をたてていたし、機械室には大型機械に混って、台湾では一台しかないという米国製のオクタン価測定試験、CFRが異彩を放っていた。このほか、力を入れて集めた文献図書の類が図書室にぎっしりと納められていた。

しかしながら、平穏な日々は長くつづかず、天研の日常風景も徐々に戦時色を強めてゆくことになる。

注

（1）台湾総督府とは、日本統治期の台湾における最高統治機関であり、非常に中央集権的な組織体制をとった。

総督府のトップである総督は、行政、立法、司法、軍事をすべて総覧する立場にあった。

（2）日本統治期初期の台湾では武官総督時代がおよそ四半世紀にわたってつづいたが、第一次世界大戦後の「大正デモクラシー」と称される民主主義的・自由主義的風潮を背景に、一九一九（大正八）年にはじめての文官総督が誕生し、その後、文官総督時代が一八年にわたってつづいた。しかし、一九三六年に予備役海軍大将の小林躋造が総督に就任し、その後、終戦まで武官総督時代がつづいた。もともと小林は海軍上層部にあって軍縮推進派として知られたが、その台湾での四年半の任期中においては一転して「南進政策」ならびに「皇民化運動」を推し進めた。

（3）一九一九（大正八）年、台湾総督府は、既存の各公営・民営発電所を統合して台湾電力株式会社を設立するとともに、日月譚において当時アジア最大級の水力発電所を建設するという一大国家事業計画を立案した。工事は一九二九（昭和四）年の世界恐慌による影響から難航したものの、立案から一五年後の一九三四年に日月譚第一発電所が完成し、工業化推進の基礎となる電力供給が実現された。その後、一九三五年には同じく日月譚においていっそう大規模な第二発電所の建設がはじまった。戦前台湾の電力開発について詳しくは北波［二〇〇三］を参照されたい。

（4）戦前台湾における地方行政区域、「五州三庁」（台北州、新竹州、台中州、台南州、高雄州、台東庁、花蓮港庁、澎湖庁）の一つである新竹州は、「一市八郡」（新竹市、新竹郡、中壢郡、桃園郡、大渓郡、竹東郡、竹南郡、苗栗郡、大湖郡）で構成された。その地理的範囲は、ローカルタームでいう「桃竹苗」（桃園・新竹・苗栗）エリアにほぼ一致している。新竹は台湾で最も長い歴史をもつ都市の一つであり、同地での漢人の歴史はおよそ三〇〇年前の一八世紀初頭までさかのぼることができる。一九世紀初頭には新竹はすでに相当規模の都市機能を備えており、台北地方と台中地方の間に位置する「桃竹苗」地方の政治経済の中心として大いに発展していた。日本統治期（一八九五～一九四五年）に入ると、新竹は「桃竹苗」地方の中心としていっそうの発展を遂げ、新竹市街地では植民地政府によって近代的な都市計画が施された。新竹州役所編［一九四〇］によれば、当時の新竹州の総面積は約四五七〇平方キロメートル、人口は約七八万人、そのうち新竹市の人口は約六万人であった。

（5）特に第八号井は記録的なガス噴出をみせ、一九三〇年代初頭当時、一本のガス井としては米国カリフォルニア州ケットルマン・ヒルズ（Kettleman Hills）で開発されたガス井の一つと並んで世界最大の産出量を誇った［台湾銀行調査課編　一九三一：四］。

（6）呎はフィート（ft）を指している。一フィート＝〇・三〇四八〇メートル。一立法フィート＝〇・〇〇二八三二立法メートル。

（7）カーボンブラックとは、天然ガス・石油・木材などの不完全燃焼や熱分解によって得られる炭素の微細な粉末である。主に印刷インクなどの製造に用いられる。

（8）台湾総督府中央研究所は一九〇九（明治四二）年に設立され、その後三〇年にわたって台湾における自然科学系の基礎研究、応用研究を牽引した。一九三九（昭和一四）年に廃止され、付設研究部門が分離独立する。

（9）小川は、一八九三（明治二六）年に山口県徳山で生を受けた。生家はもともと旧毛利家徳山藩の家老職を務めた名門の家柄であった。第三高等学校、京都帝国大学理学部で学び、一年あまり大阪工業試験所（産業技術総合研究所関西センターの前身）に勤務した後、一九二一（大正一〇）年に故郷徳山の第三海軍燃料廠の研究部に加わった。第三海軍燃料廠では、主に石炭液化の基礎技術開発と工業化に取り組み、その成果により一九三一（昭和六）年に京都大学から理学博士号を授与された。さらに、一九四〇年にはやはり石油液化研究の功績により「朝日文化賞」を受賞した。戦後は、故郷徳山から近い宇部に本拠を置く宇部興産株式会社の研究所所長に迎えられたが、戦中の過重労働が災いして、体調を崩し、短期間で退職した。その後は徳山の自宅で長期にわたる療養生活を送った。一九六九年、死去（『朝日新聞』（地方版）一九六九年四月六日付）。

（10）当会の名称は、天然瓦斯研究所の所在地「赤土崎」にちなんで名づけられたものである。

（11）一九二八（昭和三）年の開校時の台北帝国大学は文政学部と理農学部の二学部体制であったが、その後の拡大・再編成を経て、一九四五年には文政学部、理学部、農学部、医学部、工学部の五学部体制になっていた。

同校の特徴の一つとして、熱帯農学、南洋史学、土俗学など台湾ならではの講座が多く設けられていたことがあげられる。同校は、戦後に中華民国に接収され、国立台湾大学に改称された。

(12) 電気工事は台湾電力株式会社新竹営業所が、ガス工事は日本石油株式会社が、そして、水道工事は新竹市役所がそれぞれ請け負った。

(13) 客家人とは、広東・広西・江西・福建・台湾などに住む、かつて華北から移住してきた漢民族の一派であり、独自の習俗や言語（客家語）を保持している。「桃竹苗」地方は客家人の人口が多く、場所によっては客家人が人口の九〇％以上を占めるところもみられる。新竹州役所編［一九四〇］によれば、当時の新竹州（総人口約七八万人）では、福建人人口が約二八万人であったのに対し、客家人人口は約四六万人であった。

(14) 大内にとって、この筏葛（別名はカユプテもしくはブーゲンビリア）の並木や噴水の光景は生涯忘れられぬものであった。晩年の大内は俳句を趣味とし、「逸山」という俳号をもっていた。一九八五年に赤土会が自費出版した写真集『天研時代』の巻頭には大内の句が掲載されている。

・半世紀筏葛の咲く垣根
・炎天にカユプテ並木影作る
・円池の噴水今も噴き続く

(15) 「雇傭」（「雇」・「傭員」）とは、補助的な業務に従事する者の職位を指し、天研ではその圧倒的多数が台湾籍の人々によって占められた。

(16) 主任技師の小川も大学卒業後の一時期にガラス関連の研究開発活動に関わっていたようである。杉江編［一九四九］には、わずか一年あまりの期間であったものの、小川が大阪工業試験所に設けられたガラス研究部門の最初の責任者であったという記述がみられる［杉江　一九四九：六一二］。ここから推測するに、天然瓦斯研究所におけるガラス工場の立ち上げには、理化学ガラスに関する専門知識を備えていたはずの小川による積極的な後方支援があったのではないだろうか。そして、天研のガラス技術には東北大学・北海道大学系統のものだけでなく、京都大学・大阪工業試験所系統のものも含まれていたのではないだろうか。残念ながら、この点については確たる証拠資料や証言を得られておらず、推測の域を超えていない。

第三章　苦悩と挫折

一九三七（昭和一二）年九月九日、大内のもとに召集令状が届いた。この一枚の赤い紙きれが大内の生活を一変させることになる。

一　戦場へ

召集を受けた大内は、台湾臨時自動隊小隊長、陸軍重兵少尉として台湾軍歩兵第一連隊に配属された。

昭和一一年という年は研究所立ち上げのいろいろな雑務に追われ、昭和一二年になってようやくあちらでの生活が落ち着き、家族を呼び寄せた。ところが、そんなときに赤紙が来て、中国大陸に行くことになった。赤紙が来たとき、女房は三人目の子どものお産で入院していた。小さい子が二人おって、ギャーギャー言うし、どうしようかと思ったけど、これぱっかりはどうにもしようがない。それで、息子が昭和一三年に生まれた。戦場に「男子出生」という電報が来た。

結局、昭和一二年九月九日から昭和一四年一一月三日までは軍籍にいた。二年三ヵ月間。だから、その期間の研究所のことはよくわからない（筆者インタビュー）。

大内が召集を受けた一九三七年九月九日は、同年七月七日の盧溝橋事件勃発のわずか二ヵ月後に当たり、この事件以降、台湾でも戦時体制化が急ピッチで推し進められていた。同年九月二日には軍部の大物であった小林躋造（予備役海軍大将）が台湾総督に就任し、この武官総督のリーダーシップのもとで「南進政策」や「皇民化運動」[1]が積極的に推進されていた。この時期に台湾の軍隊は大幅に増強され、一部が中国戦線へと送り込まれていった。台湾軍の一下級士官として大内はその後に長期化し泥沼化してゆく日中戦争の最前線に送り込まれ、華中、華南、海南島を転戦するとともに、占領地における開拓業務にも従事した。

一九三七年九月〜一九三九年一一月の二年三ヵ月に及んだ戦場生活は凄惨を極めたが、そこでの体験は、次章で詳述するように、その後の大内の世界観に大きな影響を及ぼすことになる。

二　戦場から戻って

復帰後の境遇

一九三九年（昭和一四）一一月、天研に復帰した大内は、出征者の身分取り扱いの矛盾（昇進制度に出征が反映されないこと）を批判し、上司や事務方と衝突した。しかし、当時、類似のケースが全国各地で問題視され、問題の改善が図られるようになっていたこともあって、翌年三月、大内は、技手（判任官）から技師（高等官）への昇格を果たした。

さらに、研究所そのものの官制上の格も上がり、一九四〇年一二月、天研は台湾総督府殖産局鉱務課付属の機関から台湾総督府直属の機関への昇進を果たした。それと同時に、小川亨が正式に天研の所長に就任した。

松井という技手がいて、もともと熊本の薬科大学から来た男だけれど、これがなかなかのやり手で、総督府との予算の折衝でがんばった。そういう特技があったものだから、予算を引っ張ってくるということにかけては名人だった。そのおかげで、研究所の規模は大きくなっていった。僕の出征中にいろいろ工作して、天研は、台湾総督府殖産局鉱務課の研究所から独立して台湾総督府直轄の研究所に昇格することに決まった。それによって、研究所の格がぐっと上がり、拓務省や燃料省と直接折衝できるようになった（筆者インタビュー）。

この昇格の背景には、研究所側からの働き掛けだけでなく、台湾総督府側の組織再編という事情もあった。その前年の一九三九年に台湾総督府直属の中央研究所が廃止され、それにより付設の農業試験所、林業試験所、工業研究所（旧工業部）、医学熱帯研究所が分離独立する。中央研究所は一九〇九（明治四二）年に設立され、その後三〇年にわたって台湾における自然科学系の基礎研究、応用研究を牽引してきたが、そのころには肥大化した組織の官僚制的弊害が問題視されるようになっていた。戦時体制下における時局変化にいっそう柔軟に対応できるよう、思い切った組織のスリム化が図られることになった。このように、天研の昇格は、総督府における組織再編の一環であった。

こうして台湾総督府直属の機関に昇格を果たした天研では、その年に用地拡張が行なわれ、新たに購入した二万坪の土地には、研究所二号館や合成石油パイロットプラント、ファカルティクラブ施設などが設けられた。その際の実務遂行過程においても、五年前と同様に大内が重要な役割を果たした。

天然ガス自動車の研究開発

天研に復帰したばかりのころの大内は、自らが主任を務める分析及試験係のガス分析業務に携わる一方で、彼が復帰する以前から所内で進められていた天然ガス自動車の研究開発プロジェクトにも関わっている。

天然ガス自動車の研究開発に関しては、僕のアドバイスが大きかったと思う。その実験をしているときにうまく車が走らず、それで僕が呼ばれた。天然ガスのなかには三％くらい炭酸ガスが含まれていて、それを取り除かないといけない。それで、炭酸ガスの取り除き方を教えたところ、うまく走るようになった。……　台湾で最初の天然ガス自動車は、僕が海外から減速機を買って、それを使って作ったものだった。そのなかからいくつか特許になるものが出てきた。天然ガス自動車を動かすということでは、新竹と基隆の間の往復をはじめてできるようにした。結局、天然ガス自動車の研究開発は長続きしなかった。ガスステーションが新竹にしかなかったから、行動範囲が狭かった（筆者インタビュー）。

この天然ガス自動車の研究開発について大内は多くを語っていないが、その経緯について『赤土会会誌』第二号（一九七四）に掲載された赤司巽の回想文「石油騒動に思ふ」に詳しく記されている。

吾国の石油不足の情態は今日の比ではなかった時代、私が天研の機械工場主任として勤務していた時、小川博士所長から天然ガスによる自動車機関の運転研究を命ぜられたことがある。その時松井技師を責任者として、私と淵脇君が此研究に携わった。機械工場の前の空地に木角材で頑丈な組枠を構築して、それに自動車エンジンを取付て研究運転したことがある。目的は先ず天然ガスに依る機関運転の調子（果たして廻るだろうかと考えていた）、出力の効率、燃料消費量等、外に機械的操作の諸件であったが、当時はまだ天然ガス自動車用としての完全な減圧弁や其他諸装置が無くて、この研究も極々幼稚な飯事に終った。今日思えば冷汗物であった。それでも天研研究所報として残っていると思う。間もなく独逸のデマーク会社（外にもう一社あったと思う）製の天然ガス自動車専用の諸機器部品と専用ガススタンドが新竹市に、自動車業者に依って輸入設備された。勿論天研と松井技師の指導によるものであった。私も装置部品の取付や操作やスタンド施設据付等に手伝いさせてもらいました。当時の日本では天然ガス自動車を営業に使用したのはこ新竹市だけだったと思う。新竹から台北までの天然ガス輸送パイプラインを具体的に考慮されはじめたのもこの頃であった。私も私なりに設計作図した記憶がある。その頃石油燃料の窮屈は益々厳しくなり、即ち代用燃料時代に突入して焼諸自動車が現れた。私は代用燃料自動車の調査研究の為め内地出張を命ぜられて、帰研後報告講演を行なった。この時台湾では木炭代燃一本で普及するが適当であると献言した。

それは、台湾では良質木炭が全島に、しかも豊富に産出されるからである（私は天研創立以前に殖産局営林所に勤めていたので、この道に聊か知識があった）。前記の様な経緯から、天研から総督府殖産局鉱務課（石炭石油鉱山等の主官庁）に転勤となった。さていよいよ私は台湾全島を漫画そのもの、木炭自動車を駆使して、自動車業界に照合し、講習巡礼を始めた。峻嶮な東海岸自動車道路を花蓮港へつっ走った話は、今後再び語られない夢物語りであろう。

木炭ガス自動車に乗るとき、サイダー瓶に酢を入れて持っていたと言えば天研人の知恵と頷けるだろう。今日再び石油騒動に直面して、天研時代が痛切に思い出される。当時は国政（戦争）、物、心、共に騒然とした時代ではあったが、それはそれなりの社会に於いて、天研は生き生きとしていたと思う。

三　陸軍委託研究プロジェクトの遂行と挫折

陸軍からの要請

一九四〇（昭和一五）年五月、大内は、従軍中に知り合った上官から大規模な委託研究の要請を受けることになった。

昭和一五年の五月ごろになって、ようやく僕の心のなかの戦争の傷が癒えてきた。戦地におったらいろんな殺伐としたことをやらざるを得なかったわけで、そういう嫌な感情がそのころようやく抜けてきた。実は、戦地で陸軍中佐の命を救ったことがある。狭心症を起こして危ない状態だった彼を僕が自分の車に乗せて野戦病院に連れて行った。台湾に帰ってから、その中佐と台湾軍司令部で偶然に会った。「お前、元気か」ってたずねるから、「この通りです」と答えると、「陸軍の兵器部にいるから、よかったらちょっと遊びに来ないか」と誘われた。それで行ってみたところ、ちょっと相談をもちかけられた。当時台湾の陸軍では、台北帝大の馬場為二という教授が発見した「馬場菌」というものを使って、ブタノールの発酵をやっておった。その過程で副産物としてイソプロピル・アルコールというものが大量に出るんだが、その処理に困っていた。この中佐から「何か良い方法はないか」と聞かれ、「イソプロピル・アルコールからエーテルをつくると、オクタン価[2]の良い、ガソリンのブレンドになる」と答えた。そのやり方を調べてくれと頼まれ、いろいろ調べたところ、国内では埼玉の燃料研究所[3]でちょっとやったことがあるくらいで、海外の文献を調べてみてもあまり詳しくない。それをその中佐に報告すると、「お前が研究してくれんか」と言われた（筆者インタビュー）。

近年、「バイオマス燃料」の一つとして注目を集めているブタノール（別名：ブチルアルコール）とは、一九世紀後半から二〇世紀初頭にかけての欧米における発酵工業の発展にともなって大量生産され、工業的利用されるようになったアルコールの一種で、燃料や溶媒、化成品（医薬品、香料）の原料などとして使用される。

第一次世界大戦期の欧米では、需要の高まったダイナマイトの製造に必要となるアセトンの製造が大きな発展をみせた。アセトンは、原料の澱粉や糖類を微生物によって発酵させることにより得られるが、その過程でブタノールも同時に得られる。それゆえ、アセトンとブタノールは、「アセトン・ブタノール発酵」というように並列で表されることが多い。第二次世界大戦期になると、石油化学分野の技術革新を背景に、ブタノールは化石燃料資源（石油、天然ガスなど）から製造されるようになり、ブタノール発酵は長らく低迷した。大内が台湾でブタノールの製造現場に遭遇する時期は、ブタノール製造が発酵から石油化学へシフトする端境期にあったといえる。

戦前台湾でのブタノール発酵の沿革に詳しい台湾銀行経済研究室編［一九五二］によれば、台湾では、一九二九（昭和四）年に台湾総督府中央研究所工業部の牟田邦基技師が台南にあった台湾製糖株式会社工場付近の甘蔗畑の土壌よりアセトン・ブタノール菌（通称「牟田菌」）の抽出に成功し、これにより特許を得ている。その後、一九三八年に台湾拓殖株式会社（一九三六年に台北で設立された半官半民の巨大国策会社）が嘉義に大規模なブタノール発酵工場を設立し、前出の牟田を技術責任者として招聘した。早くも翌年には、同工場が「牟田菌」を用いてブタノール発酵を開始しており、これが台湾におけるブタノール製造の嚆矢となった。当時、ブタノールは、航空燃料などに使用されるイソオクタンの製造に不可欠な原料であり、その製造が軍部（特に多くの燃料を必要とする海軍）からの強い要請によっていたことは言うまでもない［台湾銀行経済研究室編　一九五二：五一］。

太平洋戦争が勃発するころになると、燃料需要の高まりを背景に、ブタノールの需要もいっそうの高まりをみせたが、ここに来て問題が生じた。当時の台湾では大量の甘藷が生産されていたが、米が軍用に回されるなかで、甘藷が民間の補助食料として重視されるようになったため、大量の甘諸をブタノール製造にまわすことは不可能であった。そこで、すでに欧米では実現していた廃糖蜜(4)を原料とするブタノール発酵の研究開発が台湾でも進められることになった。その際に糖質の発酵を促進する細菌として使用され、大きな成果をあげたのが台北帝国大学で開発された「馬場菌」である［台湾銀行経済研究室編　一九五二：五一―五二］。

大内が陸軍上官より要請を受けたのは、まさにこの「馬場菌」を用いたブタノール発酵の副産物として発生する用途不明のイソプロピル・アルコール（イソプロパノール）に関する基礎研究、工業化実験を行なうことであった(5)。

二四時間体制の研究チーム

陸軍からの要請を受けてしばらく躊躇した大内であったが、結局は、小川所長に諭されて受託を決意する。

困っちゃってね、「僕の一存では決められないから、上と相談してから返事するわ」と言って、とりあえず帰った。ところが、軍から返事をよこせという矢のような催促が来た。「それをやるなら、基礎研究をちゃんとやらなきゃいかん」と言うと、「じゃあ、お前がやってくれ」と言ってくるから、「それなら台北帝大や総督府の工業研究所でもうやってるから、そっちでやってもらえばいいんじゃないの」と言った。すると、「そんなぐずぐずしたことをやっとられん」

図 3-1　大内研究室の面々（陳培基提供）

と言われた。……　本当はやりたくなくてグズグズしておったら、小川所長から「軍があんなふうに言ってきているんだから、お前、少し前向きに考えてみたらどうか」と言われて、「じゃ、考えてみます」と言ったものの、あまり身の入らない格好でおった。ところが、その問題に関して予備実験をやってみたら、少なくとも最低限必要な基礎的なことがわかってきたもんで、昭和一六年のはじめごろから、ガラス工場でフラスコとガラス管を組み合わせて新しい装置をつくって、本格的な研究を開始することになった（筆者インタビュー）。

その後、大内は約三年にわたって陸軍委託研究プロジェクトの遂行のために奔走する。

三〇人をかき集め、一〇人ずつのグループにして、一日三交替の二四時間体制で研究を行なった。僕の下には野元という男と村本という男がおって、責任者は彼らと僕の三交代制でやろうということになった。当時の台湾では二四時間体制の基礎研究は珍しかったみたいで、だいぶ評判になった。それが昭和一六年の九月ごろだった。

基礎研究を一ヵ月ほどやって、昭和一六年の暮れに、外部の研究者を天研に集めて、研究発表会を行なった。これがうまくゆき、昭和一七年に入って、いよいよ工業実験を行なうということになった。ところが、戦争が激しくなって物資が不足し、雲行きが怪しくなった。海上輸送が危なくなって、実験に必要な機材を台湾にもってくるのが難しくなった。それでも、富山にあった陸軍の燃料研究所に掛け合って、何とか必要な機材を集めた。このころには僕は少佐待遇になっていた。昭和一八年に入り、何とか工業実験を行なうことができた。実験はうまくいき、いよいよ工場をつくるという段階まで来た。そして、意気込んで、必要な資材を内地から潜水艦でもってくるという段取りまでやって、新しい工場の準備を行なった。このころには、研究室の若い連中もだいぶ使えるようになっていた（筆者インタビュー）。

この研究チームのメンバーには、「傭員」[6]として採用された台湾籍の少年たちが多く含まれており、大内は指導者として後進人材の育成に尽力する。この研究チームがフル回転していた一九四二（昭和一七）年ごろには、こうした若い台湾籍所員が多く加入したことにより、所員の数が大幅に増加し、一二〇人前後（うち日本籍は三〇名前後）にまで膨れ上がった［蘇 一九九七：一四一一五］。数の上ではこのころがピークである（当時の大内研究室の様子については第四章で詳述）。

プロジェクトの打ち切り

ところが、この研究チームで約三年にわたって進められた陸軍委託研究プロジェクトは、「上から」の命令により突如打ち切りとなる。

いよいよ工場立ち上げの用意が完了した昭和一八年の暮れになって、陸軍からブタノール発酵をやめるというお達しが来た。がっかりしたね。陸軍の工場はブタノールからエタノール、つまり、普通のアルコールに切り替えることになり、イソプロピル・アルコールが出てこなくなった。それで、我々の研究も打ち切りになった。……　軍としては、とにかく燃えるものがほしいということで、ブタノールより手っ取り早いエタノールのほうがいいということになった。そのせいで僕らの研究はすべてオジャンになってしまった。

それで、陸軍としては、僕に申し訳ないということで、当時の金で三万円の報奨金をくれた。そんな大金を与えられて、あまり良いことはなかった。断る余地はなかったけれど、破格の待遇というのは受けるものではない。おかげで、周りの人間に嫉妬されて、あることないことといろいろ陰口を叩かれた。

もしあの工場が成っておったら一体どうなっていただろうかと今でも考える。イソプロピル・アルコールというのは、航空燃料やいろんな合成燃料になる可能性があった。そして、そこから新しい産業が生まれる可能性があった。こういうその場しのぎの政策がいかに各所に被害を及ぼすかということを軍の上層部の連中はまったく考えていなかった（筆者インタビュー）。

このように陸軍委託研究プロジェクトが打ち切られたころ、失意の大内のもとに海軍から研究の委託が来た。しかし、その内容は、先の陸軍委託プロジェクトの内容に比して格段に見劣りのするものであった。

海軍というと、みんな狭い船のなかで生活していたから、兵隊がインキンタムシで困っていた。インキンタムシの薬としては、蟻酸エチルエーテルが良いということで、これを作ってくれと海軍が僕に言ってきた。僕は陸軍から三万円の報奨金をもらっていたので、この金を使って、蟻酸エチルエーテルをつくる工場一棟を建てた。ここが僕専用の実験施設になった。結局、終戦前の最後の二年間は、この仕事が中心だった（筆者インタビュー）。

大内研究室の一員であった陳培基によれば、大戦末期の大内研究室では、蟻酸エチルエーテルの製造のほか、ガス田で採取されるヨードを用いたヨードチンキの製造なども行なわれていた。言うまでもなく、戦時色の強まりとともに、医薬品の需要が高まっていたからである。陳によれば、医薬品を扱うということもあって、当時の大内研究室では台湾籍の女性薬剤師が勤務していた。天研在籍時の自らの研究活動を振り返り、大内は次のように述べている。

当時、天然ガスの研究開発は、特に実用性という点では、内地より台湾のほうが優れていたと思う。内地の大学や研究所は「研究のための研究」をやっておったが、我々はそういうことをあまりやらなかった。僕の研究はほとんど独学で、実用的なものばかりだったと思う。そういう「研究のための研究」をやらなかったために、残念ながら、僕の名前は残らなかった（筆者インタビュー）。

このように、復員後の大内は、軍需の高まりを背景に拡大成長をとげつつも、いっそうの戦争協力を求められることになった研究開発機関での苦悩と挫折の日々を送った。しかし、苦境のなかでも大内は決して自暴自棄になることなく、地域産業界のため、後進人材のために、あらん限りの知恵を絞りつづけた。その結果、大内は研究者として「名」を残すことができなかったが、多くの「種」を残すことになる。

注

（1）「皇民化運動」とは、台湾人の日本人化を促進するための「上から」の運動であり、具体的には国語普及運動、改姓名、志願兵制度、宗教・社会風俗改革を推し進めるものである。

（2）オクタン価とは、ガソリン・エンジン内でのノッキングの起こりにくさ（耐ノック性）を示す数値である。オクタン価が高いほどノッキングが起こりにくい。要するに、オクタン価の高いガソリンほど質の良いガソリンということになる。

（3）燃料研究所は、一九二〇（大正九）年に埼玉県川口市に設立され、石炭・石油等の化石燃料の合理的利用及び燃料技術に関する研究を行なった。

（4）廃糖蜜とは、サトウキビから砂糖を精製する際に発生する、糖分以外の成分も含んだ粘状で黒褐色の液体のことを指す。

（5）残念ながら、台湾に駐屯した陸軍のどの部隊が「馬場菌」を用いたブタノール発酵に関わっていたのかについては大内本人ならびに関係者から証言を得ることができておらず、また、それを示す資料もみつかっていない。

（6）「傭員」とは、「雇」より一階級下に置かれ、「雇」同様、補助的な業務に従事する者の職位を指す。天研では、その圧倒的多数が台湾籍の人々によって占められた。「傭員」として一定期間勤務し、認められれば「雇」へ昇級となる。給与体系が異なり、「雇」が月給であったのに対し、「傭員」は日給であった。

第四章　地域のために、後進のために

戦時下の植民地、しかも軍事関連施設という制約の多い環境に身を置きながらも、大内は、研究所内で与えられた職務の範囲を越えて、地域産業界への技術協力ならびに後進人材の育成に尽力することになる。

一　地域産業界への技術協力

戦前新竹産業界の概要

大内がはじめて新竹の地に足を踏み入れたのは一九三五（昭和一〇）年のことであるが、このころの新竹は、第二章でふれた「農業から工業へ」という日本統治期台湾における転換点を最も象徴する地域の一つであった。

このころまでの新竹州は、台湾内の他地域と同様、農業中心の産業構造をみせ、代表的な農産品としては米、茶、柑橘類、甘蔗、甘藷、カラムシ（苧麻）などをあげることができる。その他、畜産、養蚕、製糖、食品加工（特にビーフンや肉団子が有名）、繊維加工（特にパナマ帽が有名）、窯業、林業、水産業（漁業、養殖、水産加工）なども大いに発展をみていた［新竹州役所編 一九四〇：五二一―一二四］。

新竹が石油・天然ガスをはじめとする地下鉱物資源の宝庫であることは、日本の台湾領有当初より行政、軍部、産業界、学術界を問わず広く認識されており、第二章でふれたように、油田・ガス田開発は早い時期から、特に一九二〇年代半ば以降において積極的に推し進められてきたが、こうした資源を利用した軍需工業化の動きが当地で活発化するのはやはり一九三〇年代半ば以降のことである。当地には、石油・天然ガスだけでなく、石炭、鉄鉱石、石灰石、珪砂、ジルコン(1)などさまざまな鉱物資源が埋まっており、この天の恵みから多くの工業が生まれることを期待されていた。大塚編［一九三七］には、戦前期新竹の産業動態に関する次のような記述がみられる。

新竹州は他州に比べ蕃地及山地の地下資源の開発は州勢の発達上一層急務とする処で国策上最大関心事たる石油が産出せられ現に日本石油及台湾鉱業の二社は全力を傾けて其産出に努め将来の石油王国を確信して著々斯業の伸展を見つつあり此他軍部に於ても試掘に多大の努力を払ひつつありて既に石油並に天然瓦斯は燃料問題の解決に多大の貢献を為すと共に重工業資源として各種は勿論、現に硝子工業及陶器業燃料の他、硫安其他肥料工業、曹達工業或は金属工

図 4-1　新竹近郊の珪砂採掘場（黄鈞銘提供）

業の勃興等豊富低廉なる燃料を基礎とする諸工業の勃興により従来の農業州が工業州に一大転回すべき機運に進みつつあり之れにより財源の涵養を計り州勢の興隆を企図することは本島産業政策の動向を示す大なる暗示として注目されて居るので此等資源の開発の為必要なる事業家の誘致を促す事が急務と思ふのである。

現在の鉱産は石油、天然瓦斯及石炭であるが此等油田と炭田は管内一帯に及び益々之れが開拓の必要を痛感する次第で此他珪砂、ジルコン、鉄鉱石、石灰石其他の発見に努力する必要がある。

現在石油事業に就いては日本石油と台湾鉱業が従事して居り更に海軍省では試掘と天然瓦斯実験所を州下に設け或は総督府に於ても瓦斯研究所を設置して専ら利用研究に努められつつあるので之れが完成した時の新竹州は正に名実共に工業新竹であることを確信するものである。

尚石油及天然瓦斯の他、硝子、硫安等の特殊工業の進出を企図して居る次第で豊富なる石炭の産出を見るに於ては液化工業は勿論、一般工業の勃興を促進し特に中小工業の地方的発展は地方経済力の涵養増進に多大の貢献を為し他州と異なる天然資源を有する当州は独自の立場から特殊の施設と計画を立てて州産業の発展に傾注したいと思ふ［大塚編　一九三七：一七八］。

このように、大内がはじめて足を踏み入れたころの新竹は「従来の農業州が工業州に一大転回すべき機運」に包まれており、彼が身を置くことになった天研は、「工業新竹」、ひいては「工業台湾」の発展への貢献を期待されていた。

技術相談サービス

天研の日本籍スタッフのなかにあって、大内は、地域産業界との交流関係という面において突出した存在であった。

研究所施設建設のために新竹に足を踏み入れた大内は、施設完成までの期間、新竹市商工会議所内の一室に常駐したが、そこで彼は新竹地域の行政や産業界との人脈を築いた。これにより、大内は、地域産業界からしばしば技術相談を受けることになる。

当時、新竹には商工会議所のなかに「工業相談所」という部署があって、僕はそこでボランティアの講師をしていた。天研を建てるために新竹に行ったとき、商工会議所の一室を借りた。それで、商工会の連中と毎日顔を合わせていたので、彼らとは親しかった。彼らと話しているうちに、工業関係の基礎知識があちらでは希少価値があるということがわかって、こういうボランティアの仕事を引き受けることになった。

工業相談所の関係で地元の白粉（おしろい）をつくる会社にアドバイスをしたことがある。新竹では一〇〇年以上も前から白粉がつくられていた。炭酸カルシウムから白粉ができた。当時、新竹の白粉業者の間で、水気の入っている白粉の塊まりをいかにすれば速く乾かすことができるのかが問題になっていて、その方法を彼らに教えた。それまでは、石の上で乾かしていた。こんなことしておったら時間がかかるので、素焼きの屋根瓦の平らなものを乾かして、その上に置くといいよとアドバイスした。これだど水気をどんどん吸い込んで、乾燥させられる。

乾燥法ということで言えば、新竹の名物であるビーフンについてもいくらかアドバイスした。そちらはどういう効果があったかわからない（筆者インタビュー）。

こうした産業界からの技術相談は、ただ大内一人が担当していたというわけではなく、天研全体が関連分野（主に化学工業）の諸企業に対して公式あるいは非公式のサービスを提供していた。

天研ができてから、台湾有機合成株式会社という化学肥料をつくる会社ができた。この会社は結局ほとんど成果をあげることができないまま、終戦を迎えた。有機合成の連中とは仲良くしていたから、よく相談を受けた。天研とその会社の間に正式の提携関係があったわけではないが、仲良くしていた。だから、この会社の連中が教えを請いに研究所に来ることもあった。

また、当時の新竹にはカドミウムの会社がメッキをつくる工場を建てた。それから、日本の理研（理研電化工業株式会社）が新竹にプラスティックをつくる工場を建てた。それほど強い関係があったわけではないが、何かしら関係していた。そうやって日本から台湾に来た連中は、何だかんだと天研に連絡をよこしてきた。天研はそういう場所だった（筆者インタビュー）。

このように外部に開かれた研究所において大内は地域産業界に対して職務を越えたサービスを提供していた。なかでも大内が特に深く関わったのがガラス業者であるが、これについては後述する。

広範囲にわたる人脈

大内は職場の外に広範囲にわたる人脈を備えていたが、それは、単に商工会議所とのつながりだけではなく、彼が研究所内で主に担当したガス分析やガラス工場の管理という業務の性質にも起因していた。

ガス分析業務は研究所内だけで完結するものではなく、その多くが天然ガスを使用する外部のさまざまな企業、公的機関からの委託によるものであった。一方、研究所内に付設されたガラス工場

表 4-1 終戦直後の新竹市内工場の概況

工場名	資本金（円）	職工					製品名	売上（円）
		台湾籍		日本籍		計		
		男	女	男	女			
日糖興業（株）台湾支社新竹製糖所	1.5 億	185	7	10	4	206	砂糖、酒精	4,569,204
帝国石油（株）新竹瓦斯圧縮瓦斯製造所	2.2 億	26	0	6	0	32	圧縮天然瓦斯	27,600
理研電化工業（株）新竹工場	15 万	19	1	20	1	41	椀、弁当箱、その他	8,400
台湾煉瓦（株）新竹工場	300 万	50	20	0	0	70	煉瓦	200,000
日本蒲草（株）	15 万	3	5	0	0	8	自動車用蒲草ガスケット	1,000
大安商事（株）新竹工場	10 万	44	12	0	0	56	米搗精、製粉、米粉、菓子	179,400
合発公司	160 万	21	0	0	0	21	製材	24,866
富国食品有限会社	40 万	10	20	0	0	30	醤油、漬物、味噌	32,500
福美商会	8 万	5	5	0	0	10	醤油	9,750
新竹醤油工業商会	48 万	19	51	0	0	70	醤油、漬物、味噌、豆豉など	1,198,000
山口商会	10 万	6	3	0	0	9	醤油、漬物	14,500
鈴木醤油工場	?	10	0	0	0	10	醤油	8,320
台湾硝子（株）新竹工場	300 万	18	0	3	0	21	サイダー瓶	休転中
台湾高級硝子工業（株）	80 万	173	5	16	3	197	理化学用・医療用ガラス器具他	132,500
新竹紡績（株）	100 万	87	242	0	0	329	復旧工事中につき休業中	—
南方電気工業（株）	75 万	24	0	4	0	28	?	58,000
台湾有機合成（株）	800 万	—	—	—	—	—	工場未完成につき製造なし	—
旭工業（株）	19 万	14	9	0	0	23	落花生油、落花生搾粕	202,168
新竹物産公司	19.2 万	10	5	9	2	26	煉瓦、台湾瓦、台湾コンロ	未販売
新竹山地工業（株）	50 万	23	0	0	0	23	製材	13,000

出典：新竹市［1946］

は、本来、研究所内での需要を満たすために設置されたものであるが、当時の台湾において理化学ガラス器具の専門業者がまだ成長していなかったため、外部のさまざまな企業、公的機関からも発注を受けていた。このような対外業務を長期間にわたってつづけてゆくなかで、自ずと職場外での人脈が広がっていったようである。

余談であるが、大内が担当したガス分析業務は、戦後、天研の後身である工研院においても外部に対して行なう「工業服務」の重要な項目の一つとして存続し、研究所と外部の間の結節点的役割を果たしつづけることになる。

ガラス業者への技術協力

先述のように、新竹地域の産業界に対して職務を越えたサービスを提供していた大内が特に深く関わったのがガラス業者である。

台湾では早い時期より簡単なガラス工業の発展がみられたが[2]、「高級ガラス」と称された理化学ガラス・医療用ガラス・温度計[3]などの加工がはじまるのは一九三〇年代半ば以降のことであり、その先駆けとなったのが天研内に設置されたガラス工場である。このガラス工場の設置に尽力した大内が「橋渡し」役となって、彼の古巣である北海道帝国大学ならびに彼の恩師富永の勤務先である東北帝国大学から理化学ガラス関連の先進技術が天研へ伝えられたが、それだけにとどまらず、その技術は新竹地域におけるガラス工業の発展に大きく寄与することにもなる。

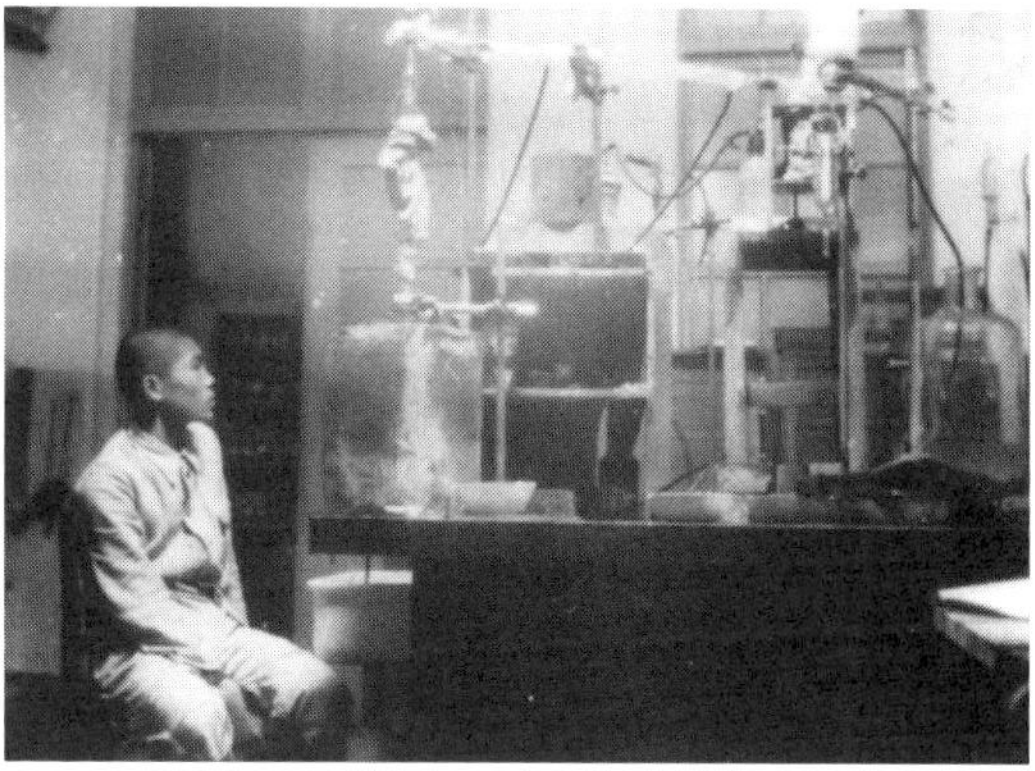

図4-2　天研のガラス工場（陳培基提供）

一九三六（昭和一一）年、新竹で理化学ガラス器具専門の私企業が産声を上げた。新竹周辺の豊富なガラス原料に目を付けた百木慶治郎と芝山吉造は、新竹市内に芝山製作所を設立し、そこで温度計や乾湿度計、比重計などの生産を開始した［張・温　二〇〇一：六二］。百木は当時日本有数のガラス業者であった百木製作所(4)（京都に所在）の後継者であり、彼の祖父は日本ガラス工業界のパイオニアとして知られた［潘　二〇〇五：六二］。社名は芝山の姓を冠したものであったが、資本・技術・人材の多くは京都の百木製作所から移転されたものであった。創業からしばらく後、芝山製作所は百木製作所に吸収合併された。

その後、戦時色が強まるなかで、ガラスの軍事的需要が高まっていった。こうした事情を背景に、台湾総督府は、新竹周辺の天然資源（ガラスの原料ならびに燃料としての天然ガス）に目をつけ、一九三九年、天研の隣に台湾高級硝子工業株式会社（以下では「高級硝子会社」）

を設立した。そこでは、理化学ガラスや医療用ガラス、温度計などの「高級ガラス」の大量生産が図られた。同社の名目上の社長職には台湾総督府の高級官吏が就任したが、実際の経営は同社の専務取締役に就任した百木と工場長の高田某が担当した。高級硝子会社設立の際には、百木製作所の工場を合併するとともに、京都の百木製作所や東京の熱海硝子株式会社から技術や人材を受け入れた〔張・温 二〇〇一：六二〕。設立時の高級硝子会社には一〇〇名程度の職工が勤務していたが、その多くは初等教育を終えたばかりの一〇代の少年少女たち（圧倒的多数が男性）であった。

この高級硝子会社が天研の隣に設立されたのは、何より天研からの技術支援（特に天然ガスの燃料利用に関する支援）を期待できたからである。両者の関係を大内は次のように回想している。

僕は高級硝子会社の顧問をやっておったから、そこの社員がよく僕のところに相談に来たり、トレーニングを受けに来たりしていた。もちろん、金なんかもらわない、ボランティアだった。高級硝子会社は東北大学と強いコネクションをもっていて、富永先生はその会社の顧問だった。そういうわけで、僕は、その会社から相談を受けていた。その会社の工場で燃料に使われていた天然ガスをどう燃焼させたらいいのかが問題になったときには、僕が技術指導した（筆者インタビュー）。

大内だけでなく、大山某（早逝）、藤川利秋といった天研ガラス工場の面々も高級硝子会社との連携に関わっていた。また、北海道帝国大学から台北帝国大学に移った遠藤某も、月に一度の頻度で同社を訪れ、技術指導に当たっていた。同社に勤務する台湾籍職工のなかには、遠藤が中心となって台北帝国大学理学部に設置されたガラス工場に移る者も何名かみられた(5)。

児玉［一九四二］には、次のような高級硝子会社に関する記述がみられ、そこから同社の工場内の様子を伺い知ることができる。


地獄の釜のやうに真っ紅な口を空けて、その窯をとり巻いた戦士たちは一間ばかりの細長いガラスパイプを差し込んではその突端に蝕玉のやうな原砂をくっ着け、フゥッと息を吹き込み型にあてれば完全な透明の高級化学用壜が寸分も違はず僅か数十秒の早業で製品化され行く。もっとも完全な製品となるまでには更に、仕上げとして五百度の窯の中に約一昼夜寝かせ更に最後の仕揚部の方に廻されてここで更に、容量の試験を行った後総督府の検定を受けなければならぬことになっている。

ここは昨年五月創業したばかり目下のところ男女××(ママ)名の職工のうち僅かに台北から呼んだ熟練工のほかは殆んど同工場で叩きあげた者ばかり。作業中は絶対無言。製造部も作業部もみんな黙々として与へられた分業に挺身している。最も肝腎な製造部の方の仕事といっても細長いパイプの棒一本が武器で鋭い職人の感覚でどんなに複雑した精巧な化学用の製品でも人間の内臓のやうなものをパイプと感覚で造りあげどんな格好をしたものでも出来ないものはないといふのがこの工場の強みである。

現在では主として硬質製品、寒暖計その他の度量機具をはじめ、小さい物は牛乳壜これ等の製造能力は一日に一人で千本をふくらませるといふのだから大したもの。硝子の原料珪砂は州内にふんだんにありしかも燃料に於てすらガラス工業に最も都合のいい天然瓦斯がこれ又無尽蔵といふので大きな強みであり、益々有望視されているので同工場ではこの程更に十八万円を増資して工場を拡張しこれに配する職人は全部同工場で修練させ自給自足しようといふ方針なので、職人の精神訓練などにも重点を置いて興亜奉公日をはじめ国民的な祝祭日には必ず厳粛な国民行事を実施し職場に挺身せんとする聖なる産業戦士としての誇りを樹えつけてゐる［兒玉一九四一：五〇―五一］。

ガラス器具の軍事的需要がさらなる高まりをみせるなかで、高級硝子会社は、一九四三（昭和一八）年に大規模な新工場を建設するとともに、旧工場に技能者養成所を開設した［張・温二〇〇一：六四］。その技能者養成所設立に当たって、高級硝子会社は、天研ならびに東北大学(6)から支援を得た。新工場完成後の同社は、熔融部（坩堝手吹）、理化学器具加工部、計量器部、アンプル部、注射筒部、研磨部、焼火部、原料調合部、工務部、事務所（営業課、会計課）、倉庫という部門体制をとるようになった［張・温 二〇〇一：六五―六六］。

終戦直後の一九四五年一一月に発行された『新竹市管内概況』によれば、終戦直前の高級硝子会社では、職工の数が二〇〇名（うち日本籍は二〇人程度）を超えていた。生産量に関しては、一ヵ月に約一万二〇〇〇個の理化学ガラス器具、約五〇万個の医療用ガラス器具、そして、約六〇〇〇個の家庭用ガラス器具が生産されていた。同社は終戦当時の台湾で唯一の「高級ガラス」専門業者であり、年間五十数万円の売り上げを記録していた［陳　一九五八：七九―八〇］。

このように、天研と隣接の高級硝子会社の間には密接な連携関係がみられ、その関係のなかで日本より移植された理化学ガラスの先進技術が当地に根付いていった。こうしたガラス技術の「現地化」は何の阻害要素もなくスムーズに進行したわけではなく、ここでも大内の骨折りがあった。

ガラス細工は最初、日本人のなかだけで守ろうとした。台湾人に教えないようにした。僕はそれではいかんと思い、藤川を説得して、台湾人の弟子を取らせた。そのなかに林鶴宗という男がいた。彼が藤川から教えられた技術は中途半端なものだった。しかし、当時の台湾では、こういう技術をもつ者が他にいなかったから、戦後、彼は重宝された。彼が天研や高級硝子会社で指導した人間のなかから、戦後に自分のガラス工場を立ち上げる者がたくさん出た（筆者インタビュー）。

二　後進人材の育成

擬似学校的環境

天研の日本籍所員のなかにあって、大内は後進人材育成の担い手としても突出した存在であった。前述の陸軍委託研究プロジェクトを遂行するに当たり、大内は、三〇人体制の研究チームを立ち上げており、そのなかには「傭員」として採用された台湾籍の少年たちが多く含まれていた。

ちょうどそのころに地元の公学校を出たばかりの若い連中が一〇数人、下働きとして入ってきた。採用試験なんてものはない。基本的には学校からの推薦で決まった。親しくしていた新竹市長に相談したら、すぐに公学校の校長を紹介してくれた。そのころの台湾では、公学校を卒業したら、ほとんどの子どもが仕事に就いていた。彼らが天研に入ったばかりのころはまだ坊やだったから、これを何とかものにしなければいけないということで、ずいぶん苦労した。そういう連中にも何とか教養をつけさせなければいけないということで、僕は、部下の野元と村本に一日に一時間ずつくれと頼んで、化学やら物理やら英語やら少しずつ教えさせた。他の研究室ではあまりそういうことをやっていなかったけど、僕のところだけはそういうことをきっちりやっておった（筆者インタビュー）。

「公学校」とは、日本統治期の台湾において日本籍子弟向けの「小学校」とは別に台湾籍子弟向けに設けられた初等教育機関のことである。台湾籍子弟向け教育制度の変遷を簡単に振り返ると、日本の台湾領有の翌年に当たる一八九六（明治二九）年、台湾総督府は、日本語の普及を目的に「国語伝習所規則」を発布し、台湾各地に一四ヵ所の国語伝習所を設置した。この国語伝習所が成功したことを受けて、二年後の一八九八年、総督府は、新たに「台湾公立公学校規則」・「台湾公立公学校官制」・「公学校令」を発布し、各地に公学校を設置するとともに、八歳以上一四歳未満の台湾籍子弟を対象に六年間の義務教育を施すことになる。この初等義務教育制度は大きな発展をみせ、一九一〇年代半ばに一〇%にも満たなかった台湾籍子弟全体の就学率は一九四〇（昭和一五）年には六〇%近くに達していた。一九四一年には台湾の初等義務教育制度が大幅に改変されたことを受けて、小学校も公学校も「国民学校」に一本化されることになる。これにより、台湾籍子弟の就学率はいっそうの上昇をみせ、日本の台湾統治が終わる一九四五年には当時の先進国水準である七〇%強にまで達していた［遠流台湾観編 二〇〇七］。

このように、日本統治期の台湾では、初等教育機会は日本籍子弟だけでなく台湾籍子弟にも開かれていった。しかし、中等以上の教育機会となると、日本籍子弟の就学が優先されており、台湾籍子弟に開かれた門戸は決して広くなかった。台湾籍子弟に開かれた私立中学や職業教育機関もみられたが、収容力はどれも限られていた。それゆえ、ごく一部の富裕層出身者あるいは特別な成績優

図 4-3　天研時代の陳培基（左端）（陳培基提供）

秀者を除き、圧倒的多数の台湾籍子弟が初等教育を終えた時点で職業に就いていた。

大内が自らの研究チームの立ち上げに際して受け入れたのは、こうした背景から初等教育を終えた後に職業に就いた一〇代半ばの少年たちであり、その一人が本研究のもう一人のキーインフォーマント、陳培基（一九二七年〜）である。

天研に「傭員」として雇用されることとなった陳は同じような境遇の少年たちと一緒に大内研究室に配属され、そこで大内ら上司から研究室の主要業務であるガス分析の基礎を教わるとともに、中学レベルの化学や物理、英語を教わった。また、陳らは、大内の発案により天研人事課の非常勤顧問に迎え入れられた地元公学校元校長から「修身」教育を受けた。さらに、大内に強くすすめられて夜間の「青年学校」（初等教育を終えた者を対象とする定時制中等教育機関）に入学し、そこで五年にわたり教育を受けた。このような擬似学校的環境下において陳らは、働いて給与を得ながら、さまざまな専門知識、一般教養を身につけていった。恩師大内の人となりや大内研究室での業務内容を陳は次のように回想している。

大内さんは自分にも他人にも厳しい人で、彼に叱られたことのある台湾人はたくさんいた。でも、恨みを買うことはなかった。大内さんが他人を叱るのはすべて公的なことであって、私的なことではなかった。彼の行動はいつも一本筋が通っていた。だから、一目置かれていた。大内さんの仕事の範囲、知識の範囲は広かった。研究室では、ガス分析だけでなく、ガソリンの蒸留、無水アルコールをつくるための脱水実験、ガラス細工、液体空気、いろんなことをやっていた。ガス分析という仕事柄、いろんなところから相談を受ける。そんなときには、あれこれ文献を調べて、こんなふうにすればいいとアドバイスしていた。

天研に入ったとき、たまたま実験工場ではなく実験室に配属されたのだけれど、今思えば、それはすごく幸運なことだった。実験室と実験工場とでは仕事の内容がまったく違った。実験工場に配属された連中というのは、ただ温度をみるとか、燃料を入れるとか、言われたことをやるだけだった。ただの肉体労働だった。我々のほうは頭を使うことを求められた。しんどかったけれど、結果としてそれでよかった。それと、大内さんが上司でよかった。大内さんは僕らと一緒にやりながらいろんなことを教えてくれた。これをやれと一方的に上から命令するだけではなかった。

図 4-4　大内研究室の面々（陳培基提供）

太平洋戦争がはじまると、英語が禁止されるようになった。ところが、僕ら実験室の人間は、英語の薬の名前や元素記号を覚えてないと、仕事ができなくなるから、陰で必死に英語を勉強した。僕たちはわりとまじめだった。勉強しろと言われたら、はむかわず、一生懸命に勉強した（筆者インタビュー）。

擬似家族的環境

大内は、自らの研究室の一体感を高めるために、部下との間に擬似家族的な関係を築こうと努めた。

大内研究室の面々はよく団結してくれた。研究室の面々とはよく飲み食いをともにした。盆には我が家で素麺会を開いて、若い連中にふるまった。旧正月にも料理を作って、みんなにふるまった。そういうときには、うちの女房が三味線や琴を弾いたりして、大騒ぎだった。そんなことをやっていたのはうちの研究室だけだった。しかし、こういうことをしたから、若い連中が僕のことを信頼して協力してくれたのではないかな（筆者インタビュー）。

こうした大内研究室の擬似家族的な雰囲気を陳培基は次のように回想している。

僕たちの部屋にだけ「無礼講」があった。「無礼講」のときは主任も何もない。何を話してもよい。主任を批判してもかまわない。不満を言ってもかまわない。もちろん、僕たちは地位が低いから、遠慮するべきところは遠慮する。みんな言いたいことを言うけど、決して喧嘩にはならない。今の台湾の議会みたいに、机を叩いたり、どなったり、ああいうものではない。

大内室に来た連中はみんな仲が良かった。昇級のために競争するようなことはなく、みんなお互いを助け合った。個人主義ではない。

俸給は少なかったけれど、研究室にはチームワークがあって、生活は満ち足りていた。生活が苦しくなると、大内さんが心配してくる。何か困難があったときには、話をしたらいろいろ考えてくれた。終戦前に食糧が厳しくなったころ、大内さんは憲兵隊に掛け合ってくれた。彼は在郷軍人会の幹部だったから、憲兵隊なんかともいろいろと関係をもっていた。憲兵隊のために爆薬の研究をするという条件と引き換えに、憲兵隊に米を出させた。研究室に米袋が何袋も送られてきたとき、大内さんは「夜勤をやる者には米をやるぞ」と言って、僕らに米を分けてくれた。そうやって彼は何かと僕らの世話をしてくれた（筆者インタビュー）。

このように、大内は、日本籍・台湾籍の分け隔てなく周囲の人間に接しようとした。こうした大内の姿勢は、前述のガラス技術の「現地化」に関するエピソードにも顕著に反映されていた。このような植民地体制下では「非常識」とみなされたはずの姿勢は彼自身の過酷な戦争体験によっていた。

戦争から戻ってきた後、僕は、台湾人だって日本人だって同じなんだ、区別するのはおかしいと思うようになった。何でそうなったかと言うと、こんなことがあった。戦場で、僕は反対しておったのだけれど、多くの兵隊が罪のない人を殺したり、面白がって家を焼いたり、いろんなことをしておった。研究所を建てたときの苦労があったもんだから、「馬鹿野郎、家を建てることがどんなに大変なことが知っているのか」と文句を言うと、僕はみんなから変わりもんだと言われた。それから、自分の子どもが生まれたばかりだったということもあって、親に死なれて迷子になった子どもなんかをみると放っておけなくて、拾って施設に連れて行ったりもした。何人も子どもを拾った。そうやって中国で戦争の惨めさを嫌というほど味わって、差別なんかしてはいかんと心底から思うようになった（筆者インタビュー）。

このように、大内は、研究所内で与えられた職務の範囲を越えて、地域産業界への技術協力ならびに台湾籍人材の育成に尽力した。日本の敗戦により、彼は台湾で苦労の末に築いたキャリアを失うことになるが、これによって彼の努力がすべて無に帰したわけではなかった。戦後、彼が新竹に残したさまざまな「種」は、当人の思惑をはるかに超えて、大きく結実してゆくことになる。

注

（1）ジルコンとは、ジルコニウムのケイ酸塩鉱物である。ガラス状ないしダイヤモンド光沢がある。透明で美しいものは宝石にされる。

（2）台湾のガラス工業は、一八八七（明治二〇）年に陳両成という実業家が台北郊外の万華地区に設立したガラス工場に端を発するといわれ、そこではガラス食器などの日用ガラス製品が製造・加工されていた。一方、新竹地域のガラス工業は、一九二五（大正一四）年に寥啓明という実業家が設立したガラス工場に端を発するといわれ、そこでもやはり日用ガラス製品が製造・加工された［張・温　二〇〇一：六〇―六二］。

（3）明治末期～大正初期の日本では、理化学ガラスや医療用ガラスの製造が大きな進歩をとげた。杉江編［一九四九］によると、理化学ガラス・医療用ガラスとは、「ビーカー、フラスコ、試験管、蒸発皿、結晶皿、時計皿、ペトリー皿（細菌培養用蓋付皿）、レトルト、燃焼管、円筒、ゲージ管（ボイラー用水面計）、ビュレット、アンプル、リンゲル、その他薬品壜、錠剤入などがあり、いずれも耐熱性と化学的耐力があって耐水性の大なることを特長とし、…（中略）…他種のガラス製品にくらべその形状、大きさ、摺合せ、度盛などに極めて精密を要するものが多い」ガラスのことである［杉江編　一九四九：二七〇］。また、理化学ガラス・医療ガラスと同じく高度なガラス細工技術を必要とする温度計（寒暖計・体温計）もやはり明治末期以降に急激な発展をとげ、太平洋戦争開始直前には日本製温度計は世界屈指の質と量を誇っていた。

（4）百木製作所はすでに存在せず、残念ながら、その歩みに関する記録は皆無に等しい。杉江編［一九四九］には、一九二一（大正一〇）年時点ならびに一九四八（昭和二三）年時点の温度計および体温計製作免許者一覧に百木製作所の名があげられている［杉江編　一九四九：三四九］。

（5）高級硝子会社元工員の陳錬へのインタビューによる。陳は一九四二（昭和一七）年に同社に見習い工として入社し、戦後に自身の理化学ガラス加工工場を設立している。

（6）東北大学では一九四一（昭和一六）年に硝子技術員養成所が設立された。

第五章　終戦前後の苦難

大戦末期になると、当時台湾有数の軍事拠点であった新竹には連合軍の爆撃機が頻繁に飛来するようになり、大内をはじめ天研の面々は郊外の辺鄙な土地への疎開を余儀なくされる。

一　軍時拠点としての新竹

一九三〇年代半ば以降の新竹は台湾有数の軍事拠点と化し、当地には天研だけでなくさまざまな軍事関連施設が設けられた。一九三四（昭和九）年、海軍は、当地に天然瓦斯実験所を設立し、そこで自動車や航空機の燃料として使用されるベンゼン（ベンゾール）を天然ガスより採取する研究に着手した。この天然瓦斯実験所は主にベンゼンの研究に特化し、二年後に完成する天研に比べると研究範囲も予算も所員数も小規模であった。

一九四一（昭和一六）年末に太平洋戦争がはじまると、南方戦線での燃料需要の拡大を背景に、台湾における第六海軍燃料廠設立が計画され、高雄に主廠、新竹ならびに新高（台中近郊）にそれぞれ支廠が設けられた。合成部が置かれた新竹支廠は、天研のすぐ隣に設けられ、そこでは、廃糖蜜を原料とする発酵ブタノールと、天然ガスを原料とする合成ブタノールの両方を原料として、航空燃料などに用いられるイソオクタンが製造されることになっていた。新竹は甘蔗も天然ガスも豊富に産出されるので、ブタノールの原料には事欠かなかった。この燃料廠は一九四四年ごろから部分的に稼動しはじめるが、結局、施設のほとんどが完成をみる前に終戦を迎えた［第六海軍燃料廠史編集委員会編 一九八六：八四―一〇三］。当時の海軍燃料廠新竹支廠の様子を大内は次のように回想している。

戦争末期になって新竹に海軍燃料廠ができたが、ほとんど何もせんまま終わってしまった。その間、技術将校という肩書きをもった連中がブラブラしていた。海軍燃料廠が新竹につくられたことに関しては、うちの小川所長が何かしら関係していたと思うが、詳しいことはよくわからない（筆者インタビュー）。

海軍燃料廠新竹支廠では、一九四四（昭和一九）年より発酵ブタノールならびに合成ブタノールを原料としたイソオクタンの製造に着手するが、終戦直前には戦局の悪化により、ここでもやはり大内研究室に研究委託した陸軍と同様にブタノール製造からエタノール製造へ切り替えられた。

さらに、中国本土までの直線距離が台湾で最も近いという立地条件から、新竹には海軍の航空基地が設けられ、第二九航空戦隊が配置された。当時の海軍航空部隊の様子を大内は次のように回想している。

新竹の飛行場は天研と同じころにできた。はじめはトンボ飛行機が飛ぶ程度の小さな飛行場だったが、そのうち海軍の重要な基地ということになって、昭和一六年ごろには飛行場として完成されていた。そのころに、上の命令で、そこに勤務する若い軍人をうちの社宅に下宿させることになって、女房も扱いに困っていた（筆者インタビュー）。

大戦末期になると、新竹の海軍航空基地には特攻隊が配備され、そこから多くの特攻機が沖縄などの激戦地へ向けて飛び立っていくことになる。

二　終戦へ

一九四三（昭和一八）年、天研では再び用地拡張が図られ、大内が中心となって、新たに約五万坪の土地が購入された。しかし、戦局の悪化を背景に、その土地は確保されただけにとどまった。

図 5-1　次々に戦地へとおもむく所員たち（陳培基提供）

昭和一八年に僕が中心になって五万坪の土地を買った。新竹市内と竹東を結ぶ竹東道路[1]に面した土地。もともとの研究所の土地は竹東道路から離れたところにあった。金の余裕がなかったので、仕方なくそこにした。しかし、このころには金の余裕があったし、今後の研究所のさらなる拡大のためにも、道路に面した土地に出ていかなければならないと思った。それで、僕が市役所や建設会社と交渉した。結局、戦争が激しくなって、この土地は宝の持ち腐れになってしまった（筆者インタビュー）。

一九四二（昭和一七）年ごろには、天研の所員総数はピークの一二〇名前後（うち日本籍は三〇名前後）を数えたが、その後、戦局が厳しさを増すにつれ、多くの所員が召集された。一九三九年に復員して以降の大内は一貫して再召集を免れ、研究所内で主に軍部からの委託研究に従事すると

図5-2　迷彩色に塗られた天研の工場施設（陳培基提供）

ともに、研究所所在地域の在郷軍人会の幹部として、軍部と地域との間の媒介的役割を果たした。大戦末期になると、台湾での決戦に備え、日本籍所員だけでなく、台湾籍所員（そのほとんどが一〇代）も多く召集され、台湾内の諸部隊に配属された。このような所員の軍事徴用により、研究所内の業務の多くが頓挫することになった。

さらに、一九四四（昭和一九）年に入ると、台湾有数の軍事拠点である新竹には連合軍の爆撃機が頻繁に飛来するようになり、軍事関連施設である天研も攻撃対象となる。そのため、天研では、高価な実験装置や機密書類などを郊外の辺鄙な土地へ疎開させることになる。『赤土会会誌』では多くの元所員がそのころの苦難を回想している。

南方文化のシンボル台北帝国大学の化学研究室より巣立ちして新竹市赤土崎の天然瓦斯研究所に

図 5-3　爆撃された天研の工場施設（陳培基提供）

転出したのは、今から約三〇年の昔、「大東亜戦争」も初期の有利に展開中の昭和一九年の春であった。はじめて広大な官舎に当時新婚であった自分達夫婦二人だけで住み、毎日近くの天研に通ったが、これまで天研にいた若い人達は次々と応召され、その留守を守って庄野部長のもとで、南方資源開発と「聖戦」遂行協力のための研究に従事し、石油成分分析や潤滑油の資源など行なっていた。戦争も次第に形勢が悪くなり爆撃を受けるようになって、天研の重要施設備品等は家族と共に田舎の「関西」という部落に疎開して、残った空虚な研究所を台湾人補助研究員等と共に守り、独身生活が続いた。今なら単身生活も気楽で良いと思うが、当時は食糧品をはじめ諸物資のない時代であり、まして遊興機関など考えることもできなかったので、単身生活は煩わしく苦しかったが、「勝つまでは」頑張らなければならないと決意していた。それからの研究生活は思い出したくないし、書きたくもない［松村久「天研の思出と現況」（『赤土会会誌』第二号、一九七四年］。

昭和一九～二〇年になると、軍隊が十八尖山に駐在するようになり、米海軍機からの爆撃が十八尖山に沿って走り、南の部落までそれが延びて天研関係者や家族に死傷者が出た現場を見舞って悲痛をおぼえた。幾度かの爆撃でドラム缶は風船のようにふくらみ、屋根には大穴があいていたりした。幾度かの警備召集での戦車攻撃訓練と穴ほり、しかし航空燃料への研究は続けることができた。オクタン価試験機の棟が爆撃で火災となり、不発弾の爆発で目の前が暗くなるほど実験室がゆらいだ。防空壕を出て見たら、となりの高級硝子[2]の煙突が爆撃で消えていて、うまいこと工場の間に倒れていた。高く編隊を作って飛ぶB29と、飛行場を覆う真赤な火災、飛び上がる戦闘機の爆発落下などを合成石油工場の上から見た。

二〇年になると毎夜のように空襲警報がなり、一一～三時間の防空壕生活が習慣になった。竹東近くの疎開地のコの字型のほら穴に実験室が移転されて、木炭トラックで何回か荷物を運び、また自転車で何回も往復した。坂を降りたところでスピードに乗ったまま転倒し、自転車が曲ってこわれたことも思い出す。この疎開地の谷間を先年台湾へ旅行したとき、バスの窓からかい間見ることができた。ここでは結局本格的な研究はできず、前の頭前渓で水泳をしたり魚釣りをしたことを覚えている［佐多敏之「天研時代の思い出と近況」『赤土会会誌』第四号、一九八四年」。

終戦迄に私が天研に勤めたのは三年位にすぎないが、その間特に印象が深かったのは戦況が日増しに悪化の一途を辿り空襲がはげしくなって来て新竹市内や飛行場などの大爆撃のときなど、所長さんはじめ大多数の所員が十八尖山の谷あいの防空壕に退避したもので相思樹の下にかくれて遠く市内を眺め、恐ろしいもの見たさのスリル感と憂鬱のまじった悲壮感、それに生死を共にしている同和感を抱いたもので今でも憶い出せば瞼に浮ぶのです。

そんな時にも仕事のかたわら、沼崎さんや図書館の諸嬢が中心になって「雑草」という名の同人雑誌みたいなのを作り、自分も何やら雑文をかいたガリ版かきの手伝いをさせて貰ったりして閑日月なところもありました。囲碁を習いおぼえたのもこの時分で下手くその横好き、升田さんにはいろいろ教えられました「鄭萬成「四〇年このかた」『赤土会会誌』第四号、一九八四年」。

こうした大戦末期の苦難の日々を経て、大内をはじめ天研の面々は一九四五年八月一五日を迎えた。インタビューのなかで大内は、終戦時のことを「終戦のときは新竹にいた。気が動転して、しばらく腑抜け状態がつづいた」と回想している。

三　接収、留用、引き揚げ

終戦後、天研の面々は、来るべき中華民国政府による研究所資産（土地、施設、器材、技術、人材など）の接収業務に備えて、残務処理にとりかかった。

終戦直後には、天研でも台湾籍所員がこれまでの恨みから日本籍所員に対して「制裁」を加えるという暴力事件が生じたが、日ごろより台湾籍所員の間で一目置かれていた大内がこのような暴力にさらされることは一切なかった。

終戦の直後には、日本人に対する米の不売が起こったりしたそうだけど、僕はそういうことをまったく経験していない。僕の研究室にいた地元の若い連中がしょっちゅう米をもってきてくれたから、一度もひもじい思いをしなかった（筆者インタビュー）。

この時期にも大内は「何でも屋」ぶりを発揮している。部下の陳培基によれば、大内は、アイスクリーム用冷凍庫などに用いられる液化アンモニアを製造・販売し、それによって得た儲けを部下たちに還元していた。

終戦から二ヵ月を経た一九四五年一〇月より天研の接収業務が本格的にはじまった。旧日本資産の接収業務を担当する経済部資源委員会（石油接管委員会）の管轄下に置かれることになった天研は暫定的に「天然気研究所」と改称され、同委員会より派遣された接収委員の陳尚文[3]が所長に就任した。その後、接収業務が進むにつれ、研究所長の小川をはじめ日本籍所員が続々と日本へ引き揚げていったが、大内は、接収委員に請われて、しばらく新竹に滞留し、若干名の日本籍所員とともに「留用」技術者として接収業務に協力することになった。当時を振り返り、大内は「台湾に残ったのは、僕も含めて、だいたいが『何でも屋』だった。たいてい何でも常識的にできる者ばかりが残った」と述べている。

一九四六年一月、天然気研究所は、経済部資源委員会管轄の国営企業である中国石油有限公司の傘下に組み込まれて、新たに「中国石油有限公司新竹研究所」と改称され、上海の中国石油公司本社より派遣された張明哲（国立清華大学（北京）出身、理学博士）が所長に就任した。同研究所は、天研の資産だけでなく、隣接の海軍燃料廠の資産をも受け継ぐことになったため、天研よりも大幅な規模拡大をみせた［蘇 一九九七：二二一―二二二］。

留用期間の大内は、単に研究所内での接収業務に協力するだけでなく、新竹地域における新たな産業振興のアドバイザーの役割も果たした。特に重要な意味をもつことになったのが、戦前の台湾では完全に輸入に頼っていた板ガラス（窓ガラスや鏡に使用される平面ガラス[4]）の製造に関するアドバイスである。

終戦後に竹東で立ち上げられた板ガラス工場は僕のアドバイスでできた。終戦後に天研に来た接収委員のなかに陳尚文という男がいた。彼は戦前に東京工科学校に留学していたので、日本語がよくできた。彼といろいろ話しているうちに、親しくなった。あるとき彼が「何か産業として成り立つよいものはないか」とたずねるから、僕は「板ガラスがいいよ」とアドバイスした。新竹の近辺ではガラスの原料になる珪砂や石灰がよくとれたし、ソーダ灰もあって、基礎の原料は全部簡単にそろうからガラスの製造に有利だった。当時の台湾では、板ガラスはほとんど日本からの輸入に頼っており、自給できていなかったので、これはチャンスだと思った。たまたま僕は道楽で日本の『特許総覧』という分厚い本を買ってもっておった。これがあちらの気を引いた。僕は、ガラスのことについて知っている限りのことを彼らに話した。どこに工場を建てたら良いかと聞かれて、やはり原料や燃料がとれるところから近い竹東がいいとアドバイスした（筆者インタビュー）。

この竹東における板ガラス製造業は一九五〇年代半ば以降に大きな発展をみせ、当地は台湾随一のガラス産地に変貌してゆくことになる（第六章にて詳述）。

終戦から約一年にわたって旧研究所資産の接収業務に協力してきた大内であったが、一九四六年の秋に無理がたたって体調を崩した。台北にある総合病院を訪れた大内は、そこで日本留学経験をもつ中国籍医師の診察を受けたところ、結核と診断された。大内はこの医師より日本に帰って治療を受けることを強くすすめられ、引き揚げを決意した。引き揚げに当たり、資料や研究ノートの類はすべて当局に没収され、それ以外の持ち帰り荷物も著しく限定された[5]。その後、帰郷の途に着いた大内は引き揚げ船が出る基隆港において約三週間にわたり足止めを喰らうことになった。その際にも大内はかつての部下たちから並々ならぬ援助を受けている。

引き揚げ直前に基隆の港で収容されていたころ、収用施設のひどい状況をみかねた若い連中が、三週間、毎日一人ずつ交替で弁当をもってきてくれた。わざわざ汽車に乗って新竹から基隆まで来てくれた。片道三時間もかけて。彼らには本当によくしていただいた（筆者インタビュー）。

こうして、一九四七（昭和二二）年初頭、病身の大内は命からがら日本へ引き揚げたが、その後も彼と元部下たちとの間の交流は彼が世を去る二〇〇五（平成一七）年まで半世紀以上にわたってつづくことになる（エピローグにて詳述）。

大内が日本へ引き揚げた後も、ごく少数の天研日本籍所員がしばらく留用されつづけた。そのなかの最後の一人である松村久は、後年、『赤土会会誌』に掲載された回想文「天研の思出と現況」（『赤土会会誌』第二号、一九七四年）ならびに「天研最後の思い出」（『赤土会会誌』第四号、一九八四年）のなかで留用時の経験を記している。

疎開先で敗戦を聞いたとき、台湾人達は光復の祝賀気分で喜び勇んでいたが、我々日本人（これまでは「内地人」といっていた）はむなしさと今後に対する不安でいっぱいであった。直ちに疎開先から引揚げて研究所の整備にかかった。これが最後と二、三ヵ月分の俸給が支給された。やがて中国本土から政府の要員が来て、各機関毎に接収を受け、大部分の日本人が次から次へと引揚げて行った。天研では我々技術者は留用され新しく来た所長のもとで働くことになり、一応生活は確保されたが、全く新しい環境となり異国に来たという実感が迫って来た。

そのうち新竹在住の日本人の大部分が故国に引揚げ、研究所の中でも日本人研究員達は少なくなり心細くなったが、台湾人達との親密感は益々高まり、また張明哲所長をはじめ幹部の外省人達も我々によく理解を示し、大事にしてくれたので、落ち着いて仕事をすることができた。研究所は中華民国行政院管轄の「資源委員会中国石油有限公司新竹研究所」と改称され、僕は同公司の研究員として第四研究室主任を命ぜられた。研究の傍ら、台湾人部下に化学や初歩英語の講義をしてやり、自分は中国語や英会話を学んだ。所長から命ぜられた研究が一段落終る毎に所長に報告書を提出すると、所長はそれを編集して印刷し、英文で研究所報告第一号として出版してくれ、続いて我々の名前を入れて第二号、第三号と刊行してくれた。また我々が開発した「台湾産石油を用いる無水アルコールの製造法」は我々の引揚後中国の機関雑誌工程学会誌に我々の名前を入れて公表された。生活の方も好待遇してくれて、宿舎の光熱水道料はすべて研究所負担で、女中まで研究所の経費で雇ってくれた。物価は上昇がはげしいが、それにスライドして手当も毎月あがり、本俸は三〇〇円の据置きだけれども手当は月一三万円になり、当時一万円札は発行されていないので紙幣を俸給袋の上に束ねて支給されていた。

中国人について特に感じたことは、非常に人物が寛大であって、日本人のように短気を起こさないことであった。さすが大国民であると思った。しかし民族意識や自尊心は強く、たとえ日本語を知っていても我々と話すときは日本語を使わず英語かまたは通訳を通しての中国語であった〔松村久「天研の思出と現況」『赤土会会誌』第二号、一九七四年〕。

張明哲所長の手厚い要請を受けて留用されていた技師達も次々と引揚げ、最後に私と家族（妻は当時身重であった）だけになった。研究所は資源委員会中国石油有限公司に改組され、副研究師として同公司新竹研究所勤務を命ぜられ、化学研究部第四研究室主任（他の研究室主任はすべて外省人）となった。研究所の日本人に対する態度は非常に好意的になり、家庭には研究所の費用で女中を雇ってくれたり、電気・ガス・水道料金は一切免除、多量の食用油や砂糖の支給もあり、物価に応じて毎月増額する給与も使いきれない程になり、日本に持帰ることのできる高価品を買いあさったりした。また台湾籍職員をはじめ、研究所の外省人、町の医者や商人たちからも友好的につきあってもらい、物資は豊富で生活には何一つ不自由はなかった。

留用中の研究は、出礦抗油田や錦水油田からの天然及び直留ガソリンの精密分類による分析

（これは研究所の機関誌第一号及び第二号として英文で発表）、石油留分を用いた共沸精留による無水アルコールの製造（中国工程師学会の機関誌に英文で発表）、本公司嘉義溶剤廠[6]で生産のブタノール発酵液からアセトンやブタノールを留去した残油（ブタノール油）の全成分の検索と定量（帰国後日本化学会誌に発表）、私の考案した装置とアイデアにより、ガソリンより共沸抽出蒸留法を用いて純粋な芳香族化水素の単離（帰国後工業化学学会誌に発表）等であって、いずれも所長にレポートとして提出した。私が新しい装置やプラントを設計するとすぐに硝子細工室や機械工作室で製作してくれたし、また陳萬秋君、鄭江培君をはじめ、台湾籍の技術員・工務員達が非常によく協力してくれたのでかなりの成果をあげることができた。また余暇を作って工務員達に化学や英語の初歩教育をし、逆に私は台湾語や中国語を教えてもらった。また所員の研究学習意欲も旺盛で、毎週一回夜に外省人研究員を交えてゼミナールを開き、私も外省人向英語と本省人向日本語の併用（自己通訳）で講義したこともあった。

二三年三月出産した女児は二ヵ月後急性肺炎にかかり、研究所医の診療看病も効なく、新竹病院入院直後短い命を絶った。それから帰国を決意し、その年の一一月留用解除の許可を得て、一二月上旬台湾よりの最後の引揚船で帰国したが、多量の荷物等は特別車で安全に輸送してくれたし、その時も台湾の研究所員が基隆港まで見送りに来てくれた［松村久「天研最後の思い出」『赤土会会誌』第四号、一九八四年］。

このように、終戦後、天研は中華民国政府に接収され、国営企業傘下の研究開発機関に再編された。その「遺産」は、現在の工研院につながる後身機関の発展を下支えするとともに、地域産業界の発展にも大いに貢献することになる。その過程において、大内が残した「種」も芽を吹き、そして、花を咲かすことになる。

注

（1）当時の竹東道路は現在の光復路のことであり、新竹旧市街と郊外の新竹サイエンスパーク、工研院、清華大学、交通大学などとを結ぶ重要な道路となっている。

（2）台湾高級硝子工業株式会社のことを指している。第四章を参照。

（3）『台湾歴史辞典』によれば、陳尚文は、一八九七年に台湾中部の嘉義に生まれ、台北工業学校を経て、東京工科学校（日本工業大学の前身）の電気化学科に入学する。一九二三年に同校を卒業後、台湾に戻り、総督府中央研究所に就職する。一九三二年に中国本土へ渡り、山西省の西北実業公司に勤務の後、四川省工業試験所所長、中央工業試験所顧問などを歴任した。終戦直後に故郷台湾に戻り、日本資産の接収業務に携わる。一九四七年には台湾省政府に新設された建設庁の副庁長に就任（その後、庁長に昇進）。一九五三年には台湾初の板ガラス製造業者である新竹玻璃公司の初代董事長に就任する［行政院文化建設委員会編　二〇〇四：八三六］。

（4）明治期の日本では政府の強力な支援の下で国産板ガラスの大量生産に向けた試みが進められたが、それが実現するのは明治末期のことであった。一九〇七（明治四〇）年、三菱グループ創業者一族の岩崎俊彌が留学先のロンドンから帰国後、兵庫県尼崎市に旭硝子株式会社を設立し、それから間もなくして板ガラスの大量生産を実現させた。この旭硝子の成功を契機として、板ガラス製造企業が大阪近辺をはじめ日本各地で雨後の筍のように急増し、一九一〇年代半ばごろを境に日本は板ガラスの輸入国から輸出国へ転換することになった［杉江編　一九四九］。

（5）　筆者がインタビューを行なった小川宣（小川亨次男）によると、大内は、持ち帰り荷物が限定された引き揚げの際、一足先に引き揚げた上司の小川から預かっていた小川家の家宝（書画類）を持ち帰り、帰国後に小川家へ送り届けた。それを受けて、小川亨は、終世、大内への恩義を忘れず、自身が宇部興産株式会社の研究所長に就任した折には、大内を招聘しようとしたという。大内はすでに郷里にてカゴメ株式会社に就職していたこともあり、その申し出を受けなかったが、その後も大内と小川家との交流は長くつづくことになる。

（6）　その前身は旧台湾拓殖株式会社の嘉義ブタノール発酵工場である。第三章を参照。

第六章　残された種

終戦後、天研は、隣接の海軍燃料廠新竹支廠とともに中華民国政府に接収され、国営企業傘下の研究開発機関に再編された。これにより天研は消滅したが、その一方で、天研が残した土地、建物、装置、技術、人材は後身機関の発展を下支えするとともに、地域産業界（特にガラス工業）の発展にも大きく貢献することになる。

一　工研院に受け継がれたもの

一九四六年一月、旧天研ならびに旧海軍燃料廠新竹支廠を引き継ぐ形で中国石油有限公司新竹研究所が設立された。同研究所は行政院経済部資源委員会の管轄下に置かれたが、一九五四年一一月に行政院経済部直属の機関に昇格し、経済部聯合工業研究所と改称された。戦前に天研に勤務した林文喜は『赤土会会誌』第四号（一九八四）に掲載された回想文「私の研究所」のなかで戦後初期における後身機関の様子を次のように記している。

終戦後天研は中国資源委員会所轄、中国石油公司が接収しました。名称は、中国石油公司新竹研究所と改めました。燃料廠も一緒に接収したので研究所の土地と財産はすごく膨張しました。接収から一九五四年までの八年間、張明哲博士が所長を担任された。彼は現在国家科学委員会の主任委員で国の科学政策や運営に貢献しています。

技術者の不足でよく国外から有名教授が夏休みに来て講習会を開いた。皆学習する機会が有った。丁度、政府が大陸から撤退した頃なので、大陸各地の石油関係人員が足溜りとして良く研究所に配置された。人材が多く集まった。それ故に中国石油公司の業務発展につれて、各地の単位主管が研究所の中から抜擢された。例えば、高雄錬油廠の廠長、副廠長、嘉義溶剤廠（ブタノール発酵工場）廠長、更には先の経済部部長等、多々有った。それで笑い話となって「良い人材はもう研究所に残っていない」という事だそうです。

一九五四年頃には台湾の工業も大体整って来たので、時の経済部が石油公司だけで研究所を独占するのは勿体ない。全ての工業界に貢献させるべきだ、と云う考え方から、研究所を石油公司から独立させた。名称も「経済部聯合工業研究所」と改めた。

この「聯合工業」という名称は、もともと計画段階においては中国石油公司新竹研究所を中心に、糖業試験所や林業試験所、台北工業試験所、台湾肥料公司（国営）の研究開発部門を合併させて巨大な研究開発機関を新たに設立しようという構想に由来していた［蘇　一九九七：四六―四七］。しかし、この構想は諸機関の猛烈な反発に遭って実現せず、結局、名称だけが残ることになった。改名時点で聯合工業研究所は台湾で一、二を争う研究開発機関となっており、その後も国家科学技術政策の中枢と深くつながりながら、いっそう大きな拡大発展をとげてゆくことになる。

この聯合工業研究所が誕生する一九五四年以降の数年間に国立清華大学と国立交通大学が研究所近辺において相次いで「復興」された。ともに戦前に中国で設立された名門大学であるが、一九四九年に中国共産党に接収されたことを受けて、両校の関係者が当地に復興させたものである。まず、一九五五年に清華大学が原子科学研究所として復興をとげた。その経緯は次の通りである。もともと清華大学と中国石油公司の間には密接な交流があり、同校の新竹での復興に際しては中国石油公司ならびに政府関連部署に勤務する清華大学OBが重要な役割を果たしたといわれる。中国石油公司新竹研究所でも聯合工業研究所でも幹部には一貫して清華大学OBが多くみられた。さらに、一九五八年には交通大学が電子研究所として復興をとげた。その経緯は次の通りである。当時米国に滞在していた交通大学OBの有力企業家が新竹での清華大学復興の事実を知り、国民党政府に対して同地での交通大学復興に関する働きかけを行なったといわれる。その後、両校は台湾有数の理工系大学へと拡大発展してゆくことになる。

一九七〇年代に入ると、天研の後身機関は、さらなる組織改編を経験した。一九七三年、聯合工業研究所、聯合鉱業研究所、金属工業研究所という経済部傘下の三つの研究所を母体として、財団法人工業技術研究院が新竹に誕生し、聯合工業研究所はその傘下の一機関となった。工研院は名目的にはこれら三つの機関を母体としていたが、聯合鉱業研究所はほとんどの所員が四ヵ所の主要採掘現場に散らばっており、また、金属工業研究所は高雄に置かれていたことから、実質的には聯合工業研究所の名称変更とみなしてよい［蘇 一九九七：八七］。

聯合工業研究所という名称は一九七三年の工研院設立に際しても放棄されなかったが、その後、機械工業研究所、電子工業研究所、能源與鉱業研究所、工業材料研究所といった工研院付設の研究所が次々に誕生するなかで、組織名称の意味を明確化させるために、一九八三年、研究所の専門分野に即した化学工業研究所という名称に置き換えられた。しかし、聯合工業研究所の名は海外でも広く通用していたため、一九八三年以降も英語名には union の語を残し、Union Chemical Laboratory と称した。この英語名称は二〇〇六年に化学工業研究所と工業材料研究所が合併して材料與化工研究所（Material and Chemical Research Laboratories）が誕生するまで用いられた。

一九八〇年代以降の新竹ではＩＣや情報通信機器などの電子工業が劇的な発展をとげることになるが、その牽引車となった工研院電子工業研究所のルーツは聯合工業研究所内に付設された電子材料研究室に端を発している。一九七四年にこの電子材料研究室が聯合工業研究所から分離独立し、工研院電子工業研発センターとなった。さらに、一九七九年には電子工業研発センターが研究所に

表 6-1　天研の後身機関の歩み

1945	台湾総督府天然瓦斯研究所 → 中国石油公司新竹研究所
1954	中国石油公司新竹研究所 → 経済部聯合工業研究所
1955	国立清華大学新竹復興
1958	国立交通大学新竹復興
1973	財団法人工業技術研究院成立、経済部聯合工業研究所 → 工研院聯合工業研究所
1974	工研院聯合工業研究所電子材料研究室 → 工研院電子工業研発センター
1976	工研院と米国 RCA 社が IC 製造に関する業務提携を開始
1979	工研院電子工業研発中心 → 工研院電子工業研究所
1980	聯華電子有限公司（UMC）成立（工研院電子工業研究所よりスピンオフ）
1980	新竹サイエンスパーク開園
1983	工研院聯合工業研究所 → 工研院化学工業研究所
1987	台湾積体電路有限公司（TSMC）成立（工研院電子工業研究所よりスピンオフ）
2006	工研院化学工業研究所 → 工研院材料與化工研究所（工業材料研究所と合併）

出典：各種資料をもとに筆者作成

昇格し、聯合工業研究所と同格の電子工業研究所となった。その後、この電子工業研究所からの事業スピンオフにより聯華電子有限公司（ＵＭＣ）や台湾積体電路有限公司（ＴＳＭＣ）といった世界的なＩＣ製造業者が誕生し、「台湾シリコンバレー」新竹のＩＣや情報通信機器が世界市場を席捲することになる。このＵＭＣやＴＳＭＣが製造拠点を置くことになったのが、新産業の育成（インキュベーション）を目的として台湾政府が開設した新竹サイエンスパーク（中国語では「新竹科学工業園区」、第七章で詳述）であり、工研院や清華大学・交通大学と隣接している。

実は、前出の電子工業研究所のルーツとなった電子材料研究室は、かつて大内が設計・建設に深く関わった旧天研本館の一室に設置されたものであり、そこには胡定華（工研院電子工業研究所元所長）、曹興誠（ＵＭＣ名誉会長）、曾繁城（ＴＳＭＣ副

図 6-1　工研院光複院区（旧天研所在地）（黄鈞銘提供）

会長）、史欽泰（工研院元院長）といった創成期の台湾電子工業のキーパーソンたちが勤務していた[1]。このように、台湾電子工業の象徴的存在であるＵＭＣやＴＳＭＣ、そして、これらの「産みの親」である電子工業研究所は、その発展軌跡をたどれば、旧天研の遺産のなかに設けられた小さな研究室にたどり着く。

すでに工研院のほとんどの設備機能は一九八〇年代以降に竹東地区に設けられた中興院区に移転しており、天研時代からつづく光復院区にはごく一部の設備機能が置かれるだけになっている。日本統治期に建設された施設のほとんどが老朽化のため取り壊されてしまったが、旧本館（一号館）ならびに旧二号館は今日においても現役の研究所施設として機能しつづけている。

天研で養成された台湾籍所員のその後にも言及すると、その一部は外部に流出したが、大半は戦後も長らく後身機関に留まることになった。前出の陳培基も定年退職時まで後身組織に留まった台湾籍所員の一人で

図 6-2　工研院中興院区（黄鈞銘提供）

ある。再編された職場での陳らの立場は、上司が日本籍から外省籍に代わったものの、それまでと同様、補助的業務の担い手のままであった。陳によれば、大戦末期には大内の働きかけにより自身の職位が「庸員」（日給制）から「雇」（月給制）に昇格できそうになったが、不運にも終戦直前の組織機能の混乱により実現しなかった。もしそれが終戦前に実現していれば、戦後もっと早期に上位ポストへ昇進できただろうと陳は言う。戦後も長らく技術工ポスト（「技工」、「研究工」、「化学技師」、「技術士」）に据え置かれた陳が研究員ポスト（「助理研究員」）に昇進するのは、天研入所からすでに四〇年の月日を経た一九八〇年のことであった[2]。このように、日本統治期とさほど変わらない「疑似植民地」的な職場環境において台湾籍所員の多くは低学歴、低技能水準などを理由に一段低い職位に置かれた（彼らよりも上級職位に置かれた外省籍所員のなかには学歴や技能水準で彼らより劣る者も少なからずみられた）。また、

図 6-3　定年まで工研院に勤務した旧天研台湾籍所員（陳培基左端）（黄釣銘提供）

もともと外国語に等しい標準中国語の会話能力を備えていなかったため、外省籍上司とのコミュニケーションにも大いに苦労させられた。

このように、上司のエスニシティが変わっただけの職場環境において低い職位に据え置かれた台湾籍所員であったが、彼らの職場への貢献度も低かったかというと、決してそうではない。例をあげるなら、戦後も日本製の装置、器具、材料が多く使用されるとともに、日本の大学、研究開発機関、企業との交流も精力的に行なわれており、こうした日本語が必要とされる職場において「日本語世代」の台湾籍所員たちが重要な役割を果たした。

また、大内が設置したガラス工場は、後身機関においても一定の役割を果たした。大内らが養成したガラス技術者の林鶴宗は戦後も後身機関に留まり、一九八〇年代初頭に定年退職するまで一貫してガラス工場に勤務しつづけた。林の職位もやはり低いまま据え置かれたが、彼のガラス細工技術は戦後もしばらく希少価値の高いものであったため、研究所内において一目置かれる存在であった。林はそこで何名かのガラス技術者を養成した[3]。

一方、外省籍所員のなかにも台湾籍所員との間に友好関係を築こうと努力する者が少なからずみられた。陳によれば、日本統治期も戦後も職場には「悪い人もいたし、良い人もいた」と言う。戦後に陳の最初の直属上司となったのは任春華という清華大学卒の技師であった。陳によれば、任は、幼少期より苦学を重ねて大学を卒業し、中国石油公司という大企業の上級職を獲得した苦労人であり、どことなく大内と似た生い立ち、性格を備えていたという。大内がそうであったように、任も勤務時間外における部下たちとの交流に気を配った。部下のなかでも特に可愛がられた陳は任と家族ぐるみの付き合いをもった。任は、その組織人としての不器用な性格が災いして、その潜在能力に見合った立身出世の道をたどることができなかったが、今も陳ら元部下の間で尊敬の念をもって記憶されている。「日本時代も戦後も僕は上司に恵まれた」と陳は述懐している。

戦後における陳培基ら旧天研台湾籍所員の動向を振り返るうえで、彼らの多くが居住した宿舎の果たした役割は非常に興味深い。天研と海軍燃料廠が中華民国政府に接収された際、それぞれの日本籍所員用宿舎（伝統日本式建築）も同時に接収され、後身の中国石油公司新竹研究所の宿舎になった。そのうちの海軍燃料廠の宿舎（天研のものに比べて圧倒的に規模が大きかった）は戦後に「光明新村」と名付けられ、そこには外省籍所員だけでなく、台湾籍所員も多く居住することになった（もちろん、条件の良い宿舎は外省籍の上級職位者に割り振られた）。戦後の一時期に光明新村に居を構えた陳によれば、

図 6-4　旧光明新村の日本式家屋（林昭亮旧居）（黄釣銘提供）

そこは、一定水準以上の学歴、技能、所得を備える技術者が集住するコミュニティであったため、学齢期の子どもをもつ親にとっては理想的な教育環境であったという。台湾籍所員の所得水準は決して高くはなかったが、産業界一般に比べると圧倒的に安定しており、これが子女教育への長期的投資を可能にした。陳一家もかつて光明新村の住民であったが、こうした技術者コミュニティの潜在的効果もあって、四人の子女（一男三女）はそれぞれ高等教育機会を獲得し、大学教員や研究機関研究員などの職業に就いている。

現在、光明新村では、日本統治期に建てられた建造物の大部分がすでに取り壊されているが、数軒が文化遺産として保存されている。その一つが、世界的に活躍する音楽家の林昭亮（父親が外省籍の上級技術者）が幼少時代に過ごした家屋である。一方、かつて大内が建設工事を指揮し、自らも居住した天研の官舎はというと、完全な形で残っている建物はすでに一軒もなく、ほんの少し痕跡が残る程度になっている。

二　地域産業界に受け継がれたもの――ガラス工業を中心に

天研の遺産は後身機関だけでなく、地域産業界にも受け継がれた。第四章でふれたように、天研は、戦時下植民地の軍事関連施設のステレオタイプ的なイメージに反し、外部に対して「開かれた組織」であり、そのなかにあって大内は特に目立った役割を果たした。大内は地域の多様な関連産業に対してボランティアで技術指導を行ない、当地にさまざまな「種」を残していったが、なかでも特に大きく結実することになったのがガラス工業（理化学ガラスならびに板ガラス）である。

前出の高級硝子会社は、終戦後に中華民国政府に接収され、一九四六年に誕生した台湾玻璃工業有限公司（国営）傘下の一工場となった（「玻璃」はガラスの意味）。同社は、終戦時に台湾各地に存在したすべてのガラス工場を統合して設立された企業である。さらに、翌一九四七年に同社は台湾工鉱有限公司（国営）に吸収され、台湾工鉱有限公司玻璃分公司となった。こうして、旧高級硝子会社の台湾籍技術者たちは、新体制下においても引き続き「高級ガラス」の製造・加工に携わることになった。かつて日本統治期には日本籍技術者によって占められた現場の上級職位は、台湾籍技術者（そのほとんどが二〇代）によって担われるようになった。しかしながら、当時の台湾経済の不振、そして、同社の経営に介入した政府高官の腐敗といった事情により、台湾工鉱公司は瞬く間に経営不振に陥り、一九四九年にあえなく倒産した。こうして、高級硝子会社が残した装置、技術、人材は方々に離散し、そこでの技術蓄積、人材育成に終止符が打たれることになった。その後、高級硝子会社で養成された台湾籍技術者のなかから同社で得た専門技術をもとに自らの事業を起こす者が多く現れた。ほとんどが零細企業であったが（旧高級硝子会社所在地周辺に集中）、戦後初期の台湾において「高級ガラス」加工の装置や技術が十全にそろっていたのは新竹だけであったため、彼らの技術は希少価値があった。彼らのなかには、もともと深いつながりのあった天研の後身組織は言うまでもなく、実験設備を備える大学、企業、政府、軍部のさまざまな機関から注文を受ける者が多くみられた。また、新竹で製造される理化学ガラス器具は一九六〇～八〇年代には主に東南アジア諸国に向けて多く輸出されていた。

くわえて、一九六〇年代になると、新竹のガラス業者のなかに、ガラス細工技術を応用してガラス工芸品（砂時計やガラス玩具など）を製作・販売する者も多くみられるようになった。なかでも特にガラス製の動物の置物は一九六〇～七〇年代に海外（特に米国）で好評を得ることになった。この新しい展開は、業界への新規流入者が増加したために同業者間の競争が激しくなったことを背景としている。海外で好評を得ることになった動物の置物は、もともとガラス業者たちが私的な贈り物用に制作していたものを商品化したものであった。海外での評判は当のガラス業者たちにとってまったく予想外の展開であったが、これにより当時の新竹ガラス業界は多くの外貨収入を得ることになった。(4)

図 6-5　当時の理化学ガラス器具（黄鈞銘提供）

しかし、一九八〇年代に入ると、新竹のガラス業者を取り巻く環境は徐々に厳しさを増していった。生産コストの高騰、設備の老朽化、後継者不足、他国との競争激化などを背景に、多くのガラス業者が廃業あるいは中国や東南アジアへの工場移転を余儀なくされた。こうして、新竹地域のガラス工業は、多くの伝統産業と同様に空洞化し、「斜陽産業」とみなされるようになった。とはいえ、すでに新竹地域に根付いていた理化学ガラスの伝統は、当地ならではのアドバンテージとなって、一九八〇年代以降の新竹サイエンスパークにおけるＩＣや情報通信機器を中心とした電子工業の発展を下支えしてきた(5)。

一方、大内が中華民国政府接収委員の陳尚文に提示した板ガラス製造に関する事業案（第五章参照）は、戦後、彼の予想をはるかに超えた展開をみせることになる(6)。大内が日本に引き揚げてから七年後の一九五四年、彼の提案通り、竹東の地において板ガラス製造を行なう新竹玻璃有限公司が設立され、陳尚文が同社の初代会長に就任した。厳密には国営企業ではなかったが、もともと政府高官であった陳が経営の主導権を握っていたという事実から、国営企業に等しい存在であった。国家中枢との強いパイプを備える陳の強力なリーダーシップにより、同社には多くの資金が集まり、設立からわずか二年後の一九五六年には海外へ板ガラス製品を輸出できるまでになっていた。その後は、一般板ガラスだけでなく、色板ガラス、型板ガラス、強化ガラス、安全ガラス、二層式ガラスといったより高度な技術を要するガラスも生産されるようになり、一九八〇年代初頭時点で板ガラス約七〇万箱、色板ガラス約一六万箱、型板ガラス約一〇〇万箱という生産量を誇っていた。この新竹玻璃公司を中心に竹東地区はごく短期間のうちに台湾有数のガラス産地に変貌した［鄭・王編　二〇〇五：　九六］。

興味深いことに、この新竹玻璃公司では一九六五年に中国玻璃工業研究所が設置された。当時、台湾の製造業は生産コストの高まりを背景に徐々に「成長の隘路」に直面するようになっており、ガラス工業においても技術の高度化が図られることになった。同研究所では、一五名程度の研究者・技術者により、クリスタルガラス、ガラスファイバー、ガラスビーズ、モザイクガラス、ガラス肥料といったさまざまな新分野の研究開発活動が精力的に展開された。同研究所に勤務した蔡憲宗によれば、初代所長には米国籍の華人研究者が迎えられ、そして、第二代所長には日本籍の華人研究者が迎えられ、彼らを通して米国や日本から最新のガラス技術が導入されていたという。

この中国玻璃工業研究所は、一九六九年の「創業者」陳尚文逝去以降に生じた新竹玻璃公司内部の経営混乱を背景として、一九七〇年代半ばに閉鎖された。閉鎖後、所員の一部は天研の後身である工研院化学工業研究所（当時）に移り、理化学ガラス、セラミック、釉薬に関する業務に携わることになった。その一方で、中国玻璃工業研究所で得た技術をもとに自らの事業を起こす者も現れ、そのなかで最も成功した人物が現在、中国本土や東南アジア諸国において大きなビジネス展開をみせている中国製釉グループ前会長の蔡憲宗である。

また、新竹玻璃公司では、一九六〇年代初頭にガラス工芸課が設置され、ガラス工芸の人材育成が行なわれるようになった。こうした組織的支援もあって、当時、ガラス製の動物の置物などで海外市場を拡大しつつあった新竹のガラス工芸は大きな発展をみせることになった。

新竹玻璃公司は台湾初の板ガラス専門メーカーとして戦後台湾のガラス工業界を牽引したが、陳尚文逝去以降の経営混乱が長期化したこと、そして、後発の台湾玻璃工業有限公司（一九六四年設立）との競争激化に直面したことなどを背景に、一九八〇年代半ばごろより経営不振に陥り、会社設立四〇周年を間近に控えた一九九三年に倒産した。今日の竹東においては台湾板ガラス製造業のルーツである新竹玻璃公司はもはや存在しないが、前出の中国製釉グループをはじめ同社からのスピンオフ、または同社と密接な関係をもっていたガラス業者が今も多くみられる。

注

（1）「瓦斯所七〇年台湾矽谷発源地」『自由時報』二〇〇六年一二月二二日付。

（2）その後、陳は、一九八二年に「副研究員」に昇進し、六五歳を迎えた一九九二年に定年退職した。陳の場合、たまたま天研で配属されたのが実験工場ではなく実験室であったことが幸いして、結果として彼を「副研究員」の職位にまで押し上げることになった。

（3）林が工研院を定年退職する一九八〇年代初頭には、研究所で用いられる先端的な理化学ガラスのほとんどが輸入の既製品となっていったため、研究所内にガラス細工専門の技術者を配置する必要が薄れていった。林が定年退職した後、天研時代から長くつづいたガラス工場はその使命を終え、撤去された。

（4）一九九〇年代後半の台湾では「本土化」政策の一環として全国的にまちづくり政策（「社区総体営造」、第七章参照）が大きな進展をみせることになるが、その際、新竹地域ではガラス工芸が貴重な地域文化資源として注目され、それに関する観光イベントの開催（「国際玻璃工芸節」）、博物館開設（新竹市立玻璃工芸博物館）、書籍出版など多くの事業が行政主導で進められた。

（5）もちろん、こうした地域の技術蓄積が直接的に台湾製ＩＣや情報通信機器の技術革新につながっていったわけではなく、あくまでも後方支援の役割を果たしたにすぎない。とはいえ、新竹サイエンスパークという中央政府直属のインフラがテイクオフするうえで有利な条件が、清華大学・交通大学や工研院といった先行の公的機関だけでなく、地域社会の側にも用意されていたという事実は否定できない。

（6）一九六〇年代、カゴメ株式会社の一員として台南での同社トマトジュース工場の建設のため訪台した際、大内は新竹玻璃公司にも足を運んでいる。陳培基の証言によれば、その時期に、大内に依頼され、彼を竹東の新竹玻璃公司まで案内したとのことである。そこで大内は同社の幹部社員と面会したが、その折の面会者が誰で、訪問の目的が何であったのかについて陳には知らされなかった。

第七章　未来への遺産

プロローグでふれたように、死が間近に迫っていた大内は、自らが設計・建設に深く関与した旧天研本館の行く末を案じ、それが「台湾シリコンバレー」のルーツを表象する建築物として永久保存され、先人たちの物語を未来に伝えるための博物館施設として活用されることを願っていた。本章では、この旧天研本館の産業遺産としての可能性について検討する。

一　産業遺産保存の系譜――英国、日本、台湾

本節では、戦後初期に英国ではじまり、その後世界に広がっていった産業遺産保存の取り組みの系譜を概観する。

英国の系譜

産業遺産（industrial heritage）という概念が確立するのは、産業近代化のパイオニアである英国においてであり、一九五〇年代に英国産業考古学会が設立されたことを一つの契機としている。もともと産業考古学は、産業革命によって創り出された遺跡（鉱山、工場、鉄道、運河など）や遺物（機械、道具、製品、車両など）の研究とされたが（担い手の多くはアマチュア研究者）、その後、由緒ある駅舎の改築に反対する市民運動などがこれに加わり、広く産業に関する歴史的景観の保存を対象とするまでに拡大した。こうした産業遺跡や産業遺物を総称するものとして産業遺産という概念が広く使用されはじめるとともに、行政によってその保存に関する法制度の整備が進められるようになった。また、時を同じくして、産業遺産を対象とした観光旅行が静かなブームとなった。

一九五〇年代の英国では、政治的には英領植民地の相次ぐ独立、米ソの発言力拡大、ヨーロッパ内での孤立などを背景に著しく権威が失墜するとともに、経済的には大戦のダメージや植民地市場の喪失などによりかつて産業革命期に栄華を誇った製造業（石炭、鉄鋼、造船、繊維など）の多くが不況に陥っていた（相次ぐ工場・鉱山の閉鎖、失業者の増加、地方経済の衰退、大都市の治安悪化）。産業構造が大きく転換するなかで、現役を終えた産業施設・機器が容赦なくスクラップ&ビルドされようとしていた。井上敏と野尻亘は、当時の英国で産業考古学が成立し、広く一般市民の間で産業遺産観光がブームになったことに着目し、「産業革命発祥の地、世界の工場と言われた大英帝国の栄華へのノスタルジアであり、英国国民としてのアイデンティティ（自己存在証明）の再確認にほかならない」

〔井上・野尻　二〇〇七：六〕と評している。

国際的には、一九七三年に英国で「産業遺産保存のための国際会議」の第一回が開催され、その直後に国際産業遺産保存委員会（略称TICCIH）が設立された。同委員会は、前出の英国産業考古学会をはじめ各国の関連団体を傘下に収め、その後、三年に一度の頻度で各国の持ち回りによる国際会議を開催するようになった。[1]また、一九七二年にはユネスコ総会で「世界遺産条約」が採択され（発効は一九七五年）、その後、世界各地での文化財保護、環境保護、平和維持、観光振興などに多大な影響を及ぼすようになるが、その登録遺産のなかには世界各地の産業遺産が少なからず含まれてきた。こうして、戦後初期の英国ではじまった産業遺産保存の取り組みが世界へと広がっていくことになった。

日本の系譜

日本では、一九六〇年代末ごろに英国発祥の産業考古学運動が伝わり、一九七七年に土木建築史や産業技術史の専門家、アマチュア研究者などが中心となって日本産業考古学会が設立され、産業遺産に関する調査研究が盛んに行われるようになった。一九七〇年代（厳密には一九七三年のオイルショック以降）の日本でも、一九五〇年代の英国同様、産業構造が大きく転換するなかで、明治以来の産業近代化に大きく貢献してきた産業施設・機器がスクラップ&ビルドされようとしていた。ここでもやはり産業遺産がノスタルジアやアイデンティティの再確認を喚起する役割を担うようになった。このような産業遺産をめぐる動きは、バブル経済が崩壊する一九九〇年代初頭以降いっそう顕著なものになる。

一九九〇年代の日本では、中央省庁が産業遺産の保存・活用に関わるさまざまな政策を打ち出すようになった。文化庁は「近代化遺産」（同庁による造語）の保存・活用事業に着手し、その財政的支援の下で各都道府県教育委員会が「近代化遺産総合調査」を実施した。この調査は特に優れた「近代化遺産」を重要文化財に指定し、保護することを目的としており、これを踏まえて、一九九三年には重要文化財建造物の種別として「近代化遺産」が新たに設けられた。文化庁以外にも、経済産業省（「近代化産業遺産」という概念を使用）や国土交通省、建設省、各都道府県関連部局などがそれぞれに産業遺産の保存・活用事業に多くの予算を割くようになり、これにより一九九〇年代以降の日本では産業遺産に関する法制度が整備されるとともに（日本が世界遺産条約を批准するのは一九九二年のことである）、関連データが大量に蓄積されることになった。その代表的なデータベースが、国立科学博物館産業技術史資料情報センターの「産業技術史資料情報データベース」（http://sts.kahaku.go.jp/sts/）や独立行政法人科学技術振興機構の「産業遺産ナビゲーター」（http://www.jst.go.jp/csc/virtual/sangyoDB/）であり、ともに大量のデータがウェブ上で無料公開されている。

また、一九九〇年代以降の日本では、産業遺産の観光業への活用を図る産業界の取り組みも活発化した。この時期の日本においていち早く産業観光を提唱したのが、国鉄民営化直後の東海旅客鉄道株式会社（ＪＲ東海）で会長職を務めた須田寛であり、名古屋市を中心とした東海地方での産業観光の先駆的な取り組みを主導した〔須田　一九九九〕。東海地方は古くより醸造、食品加工、陶器、繊維、機械、自動車関連など多種多様な産業が集積してきた土地柄であり、産業観光の振興にとって有利な条件を備えていた。また、二〇〇五年における愛知万博の開催（これと関連してさまざまな産業観光、産業遺産保存関連の催しが企画された）は、当地での産業観光の振興に対して「追い風」となった。その後は、東海地方にとどまらず全国各地で旅行業者主体の、あるいは官民一体となった産業観光の振興がみられるようになった。

二〇〇七年は、日本での産業遺産保存の歩みにおいて重要な年となった。この年、石見銀山遺跡が日本の産業遺産としてはじめて世界遺産に登録されたことを受けて、産業遺産ならびに産業観光への社会的関心がにわかに高まりをみせることになった。また、この年、経済産業省が、従前の「近代化産業遺産」の保存・活用事業の実績を踏まえつつ、その地域活性化への有効活用を積極的に企図する新事業を実施した。同省は、西村幸夫東京大学教授を座長とする「産業遺産活用委員会」を設置し、全国各地の産業遺産に関する情報を広く公募した。同委員会は、公募により集められた約一九〇件（約四〇〇ヵ所）をはじめとする各地の産業遺産について、その実態と保存・活用の取組み状況を調査し、産業遺産の価値の理解を深めるための「近代化産業遺産ストーリー」を作成した。その成果として、三三件の「近代化産業遺産群」とそれに付随した「近代化産業遺産ストーリー」が公表され、「近代化産業遺産群」を構成する全五七五件の認定遺産それぞれに対して認定証が贈呈された。

二〇〇七年に経済産業省がまとめた報告書『近代化産業遺産群三三――近代化産業遺産が紡ぎ出す先人達の物語』の冒頭には事業の趣旨に関する以下の記述がみられる。

地域において、先人の歩みを知り、将来に向かっての活力に繋げていくことは、地域活性化を進める上で極めて重要です。なかでも、幕末から昭和初期にかけての産業近代化の過程は、今日の「モノづくり大国・日本」の礎として、また、各地域における今日の基幹産業のルーツとして、極めて大きな意義を持っています。

このような産業近代化の過程を物語る存在として、全国各地には、数多くの建造物、機械、文書などが今日まで継承されています。これらの「近代化産業遺産」は、古さや希少さなどに由来する物理的な価値を持つことに加えて、国や地域の発展においてこれらの遺産が果たしてきた役割、産業近代化に関わった先人たちの努力など、非常に豊かな無形の価値を物語るものであり、地域活性化の有益な「種」となり得るものです。

しかしながら、このような近代化産業遺産が持つ価値は、個々の遺産の単位では伝わり難く、歴史を軸としつつ、人材・技術・物資等の交流にも着目して複数の遺産を関連づけ、当該遺産が果たした役割を明確にすることにより、はじめてその価値の普及が効果的になされるものと言えます。

このたび、このような考え方のもとで、近代化産業遺産が持つ価値をより顕在化させ、地域活性化に役立てることを目的として、産業史や地域史のストーリーを軸に、相互に関連する複数の遺産により構成される「近代化産業遺産群」を取りまとめることとしました。

この経済産業省「近代化産業遺産群」事業におけるキーポイントは、産業遺産の地域活性化への有効活用を積極的に企図している点とともに、一つの「物語」を軸にして、複数の遺産を関連付けながら個々の遺産の価値を明確化することに大きな労力を割いている点である。報告書上で描かれた物語は決して「分厚い記述」とは言い難いが、従来の産業遺産関連文献が往々にして物語性に乏しい、個別事例のカタログのようなものであったことを想起すると、それは少なからず異彩を放っている。

台湾の系譜

台湾において産業遺産（台湾では「工業遺産」の表記が一般的）に関する調査研究や保存・活用事業が進められるようになるのは一九九〇年代以降のことである。一九九〇年代の台湾でも、一九五〇年代の英国や一九七〇年代の日本と同様、産業構造が大きく転換するなかで、日本統治期以来の産業近代化に大きく貢献してきた産業施設・機器がスクラップ&ビルドされようとしていた。ここでもやはり産業遺産がノスタルジアやアイデンティティの再確認を喚起する役割を担うようになった。

また、一九九〇年代の台湾では、「本土化」政策（プロローグ参照）の一環として、中央政府の音頭取りの下、各地でその土地ならではの文化資源を活かしたまちづくり、地域活性化の取り組みが活発化し、そのなかで産業遺産への関心も高まりをみせることになった［蔡　二〇〇四、夏　二〇〇六］。

台湾の代表的な産業遺産と言えば、阿里山森林鉄路と金爪石鉱山跡の二つをあげることができる。阿里山森林鉄路は、台湾本島中西部の嘉義と阿里山を結ぶ山岳鉄道であり、日本統治期の一九一二年に部分的に開業した。もともとは阿里山一帯で自生するタイワンベニヒノキなどの豊富な森林資源の輸送を主たる目的として建設された産業鉄道であったが、近年では観光鉄道として人気を集めており、インドのダージリン・ヒマラヤ鉄道（世界遺産）、チリ～アルゼンチンのアンデス横断鉄道とともに「世界三大登山鉄道」の一つに数えられている。

一方、金爪石鉱山は、台湾本島北部にかつて存在した金鉱山である。一九世紀末に鉱脈が発見された後、日本統治期に大規模な開発が進められ、全盛期には「東北アジア一の金山」と称されるほどの大きな産出量を誇った。戦後は中華民国政府に接収されたが、次第に鉱脈が尽き、一九八七年に閉山となった。一九九〇年代に入ると、保存状態のよい金爪石鉱山の遺構群（精錬場、地下坑道、鉱山事務所、職員宿舎など）が産業遺産として注目を集めるようになり、二〇〇四年、鉱山跡一帯が「金爪石黄金博物園区」（「黄金博物館」のほか、かつて昭和天皇が皇太子時代に宿泊した「太子賓館」、日本人職員宿舎などの日本式建築などで構成）として一般公開された。なお、金爪石鉱山跡に隣接する九份地区はもともと鉱山労働者の居住地であった。閉山後にいったん寂れたものの、一九八九年公開の台湾映画『非情城市』（侯孝賢監督作品、ベネチア国際映画祭グランプリ）のロケ地となったことで注目を集めることになった。現在、九份は台湾を代表する観光地となっており、そのノスタルジックな風景にひかれて世界中から多くの観光客が当地を訪れている。

ごく最近のことであるが、台湾における産業遺産の保存・活用の取り組みが世界から注目されるようになっている。前出のＴＩＣＣＩＨの国際会議（三年に一度）が二〇一二年、アジアにおいてははじめて台北で開催された。「アジア初」の栄誉を台湾が得ることになった背景にはＴＩＣＣＩＨ内における台湾への関心・評価の高まりがあった。この点について、同会議に参加した山田大隆は、「台湾は、二〇〇九年のドイツ会議以降に国家が一体化した研究保存活用運動で注目され（アジア委員選出）、二〇一〇年八月の産業考古学会台湾ツアー（両国学会交流）で圧倒的成果を示し、アジア地区の産業考古学の産業遺産保存、研究、遺産活用での産官学民の一体的な取り組みで急上昇し、アジア最初のＴＩＣＣＩＨ開催地に決定したのは、ある意味で当然と言えるものであった」と記している［山田　二〇一三：二九］。

このＴＩＣＣＩＨ台北会議では、世界に向けて「台北アジア産業遺産宣言」（Taipei Declaration on Asian Industrial Heritage）という声明が出され、そのなかで、先行の「ヨーロッパ産業遺産の道」（European Route of Industrial Heritage）をモデルとして、アジア各国の重要な産業遺産をつないでネットワーク化する「アジア産業遺産の道」（Asian Route of Industrial Heritage）プロジェクト構想が世界に向けて発表された。この「アジア産業遺産の道」プロジェクトにはアジア各国の関係機関が参加しており、そのなかでアジア唯一のＴＩＣＣＩＨ国際会議開催実績をもつ台湾の発言力は大きなものとなっている。

日本と台湾をつなぐもの

前述のように、一九九〇年代以降の日本では、産業遺産保存に関する調査研究、法制度整備、関連データ蓄積、それを活用した観光ビジネス、地域活性化が大いに進展し、今や先行の欧米諸国に引けを取らないレベルに達しているが、そこに空白がないわけではない。その最たるものが、かつて日本が植民地体制下で産業近代化（軍需工業化）を推し進めた地域（台湾、朝鮮半島、中国東北地方など）の産業遺産への視線であり、既存の産業遺産関連の文献やデータベースにおいて旧植民地地域の産業遺産がフォローされることはこれまでのところ皆無に等しい。逆に、旧植民地地域の側でも、日本統治期の産業遺産（特に軍事関連施設）が往々にして植民地支配という「負の歴史」を想起させるものであるため、社会の関心を集めることはこれまでほとんどなかった。しかしながら、近年、少なくとも台湾では日本統治期の産業遺産をめぐって新しい動きがみられるようになっている。

プロローグでふれたように、近年の台湾における歴史認識の変化が産業遺産への社会的関心の高まりを後押ししている。かつての国民党独裁政権下では台湾はあくまでも中国の一部分であって、台湾の独自性を問うことがタブーとされたが、一九九〇年代に大きく進展する「本土化」政策を背景に、それを問い、表現することが大幅に自由化された。その結果、台湾固有の歴史・文化への社会的関心が急激に高まりをみせてきた。こうした一連の政策変化、意識変化を背景に、日本統治期に関する歴史認識も大きく変わり、できるかぎり「理性的」な視点からその時代の事象をとらえようとする傾向が強まっている。これにともなって、日本統治期に由来する建築、機器類、文物類等を歴史文化遺産として保存・活用しようとする取り組みが活発化しており、そのなかには一昔前であれば「負の遺産」とみなされたはずの軍事関連施設も多く含まれている。

日本統治期の軍事関連施設の名残は台湾全土で広くみられるが、なかでも重要な軍事拠点の一つであった新竹地域には特に多くみられる。当地ではすでに地元の市民団体を主体として、当地の産業発展プロセスを振り返るうえで避けて通れない日本統治期の軍事関連施設に文化的付加価値を認め、これらの産業遺産としての可能性（観光資源、教育資源）を模索する動きがみられるようになっている。

二　「台湾シリコンバレー」新竹の地域特性

本節では、旧天研現存施設の産業遺産としての可能性を検討する前に、「台湾シリコンバレー」と称される今日の新竹の地域特性について概観する。

「台湾シリコンバレー」の成り立ち

第六章でふれた通り、戦後の新竹地域では、終戦直後の中国石油公司新竹研究所設立、一九五〇年代の清華大学・交通大学復興、一九七三年の工研院設立といったように政府系の研究開発機関・

高等教育機関の整備が盛んに進められたが、一九七〇年代の時点では当地は「縦貫鉄道沿線で最も後進的な都市」[2]と揶揄されるほど経済力に乏しい地域であった。このような新竹地域の経済社会環境が一変するのは、当地のハイテク産業がブレークスルーを果たす一九九〇年代のことである。そこに到るまでの道程をここで簡単に振り返っておく。

一九七〇〜八〇年代の台湾は経済的には従来の軽工業主体・労働集約型・輸出志向型工業化の限界（「成長の隘路」）に直面する一方で、政治的には米国や日本との国交断絶により国際政治の表舞台において孤立を深めていた。このような二重の苦境のなかにあって経済的・政治的自立の必要に迫られた台湾政府は、このころ世界的に勃興期を迎えていたICや情報通信機器などの電子工業に着目し、その育成を国家産業政策の重点項目に据えた。その後、台湾政府は、海外のハイテク産業拠点、特に米国シリコンバレーからの先進技術・人材の誘致に努めるとともに、国内での産業インフラの整備にも努めた。その際に最重要拠点とされたのが新竹地域であり、その一環として一九七三年に工研院が開設された。前述のように、工研院の構成部門の一つである電子工業研究所は、当地のハイテク産業のテイクオフ過程において牽引車的な役割を果たすことになる。

さらに一九八〇年、工研院や清華大学・交通大学に隣接する土地に政府直属のハイテク工業団地である新竹サイエンスパーク[3]（新竹科学工業園区、Hsinchu Industrial-based Science Park）が開設された。中国語名のなかの「工業」、そして英語名のなかの industrial-based というタームが端的に示すように、台湾のサイエンスパークは、学術研究主体の日本のカウンターパート（筑波研究学園都市、関西文化学術研究都市）とは異なり、国家経済を牽引し得るほどの有力な新産業の創出を目的とし、ベンチャー支援に重点を置くものであった。そのために、隣接する工研院や清華大学・交通大学の資源も大いに動員されることになった。

一九八〇年代は、米国を中心に先進工業国からＩＣや情報通信機器の製造プロセスがよりコストの低い後進工業国へアウトソーシングされるようになる時期であり、新竹サイエンスパークの新興企業群がその「受け皿」（ＯＥＭ、ＯＤＭ）として大きなビジネスチャンスをつかみとることに成功した。ここで特筆すべきは、新竹サイエンスパークに拠点を置くＴＳＭＣ（もともとは一九八七年に工研院電子工業研究所からのスピンオフにより誕生したＩＣ製造業者）が世界ではじめて打ち出した「ピュア・ファウンドリー」モデルである。「ピュア・ファウンドリー」とは、ＩＣ製造業の三工程①設計、②ウェハー加工（前工程）、③組立・テスト（後工程）のなかの②ウェハー加工の受託生産のみを行なう企業のことを指している。電子工業全体が「垂直統合型」から「水平分業型」へと大転換をとげる時代にあって、ＴＳＭＣの「ピュア・ファウンドリー」モデルは世界から注目を集め、米国シリコンバレーをはじめとする世界中のＩＣ設計業者（製造部門をもたないファブレス企業）から大量の注文がＴＳＭＣに殺到することになった。ＴＳＭＣの成功を受けて多くのファウンドリーが設立された新竹は、短期間のうちにＩＣ製造業のグローバル・サプライチェーンにおいて確固たる地位を築くとともに、いつしか「台湾シリコンバレー」の異名をとるようになった。

こうした「台湾シリコンバレー」新竹のハイテク産業のテイクオフ過程においては、台湾政府の政策誘導により海外（特に米国シリコンバレー）から「回流」した台湾系ハイテク技術者・起業家の一群[4]が非常に重要な役割を果たした。なかには、新竹に拠点を移した後も、当地と米国シリコンバレーの間を頻繁に往来する通称「太空人」（宇宙飛行士の意味）も少なからずみられた。このような高度人材の双方向的・多方向的移動、すなわち「頭脳循環」（brain circulation）が活発化するにつれ、米国シリコンバレーと「台湾シリコンバレー」新竹の間でヒト、モノ、カネ、情報が迅速かつ大量に行き交う「超国家的コミュニティ」（cross-regional community）が形成されることになった（サクセニアン二〇〇〇）。

「台湾シリコンバレー」新竹のハイテク産業は、一九八〇年代の助走期を経て、一九九〇年代に入ると前出の「ピュア・ファウンドリー」モデルの成功を背景に劇的な拡大成長をとげることになった。表7―1が示すように、一九九〇年～二〇〇〇年の一〇年間にサイエンスパーク入居企業総数が一二一社から二八九社へ、勤務者総数が二万二三五六人から九万六六四二人へ、サイエンスパーク入居企業全体の売上高が六五六億台湾元から九二九三億台湾元（二〇〇〇年における台湾のGDPのおよそ一割に相当）へ大幅に増加している。一九七〇年代末には果樹園や墓地が散在しただけの六〇〇ヘクタールあまりの土地は、わずか二〇年のうちに一〇万人規模の雇用機会、そして毎年GDPのおよそ一割を生み出す国家経済の牽引車に変貌した。二一世紀に入ると、右肩上がりの成長期が過ぎ去り、世界的なITバブル崩壊やリーマンショックの影響もあってサイエンスパーク全体の売上高が落ち込む年もあったが、依然として台湾ハイテク産業の牽引車であることに変わりない。

表 7-1　新竹サイエンスパークの各種統計データ（1990 ～ 2015 年）

	入居企業総数	勤務者総数	博士修士比率（%）	平均年齢	総売上高（億 NT$）
1990	121	22,356	6.7	29.6	656
1995	180	42,257	12.7	30.1	2,992
2000	289	96,642	16.6	30.8	9,293
2005	382	114,868	19.3	31.5	9,879
2010	449	139,416	25.9	34.3	11,869
2015	489	152,196	32	36.2	11,012

出典：新竹サイエンスパーク管理局 HP（http://www.sipa.gov.tw/）の掲載データをもとに筆者作成。

表 7-2　新竹市・県の人口推移（1982 ～ 2011 年）

	1982	1986	1991	1996	2001	2006	2011
新竹市	288,880	306,088	328,911	345,954	373,296	394,757	420,052
新竹県	364,864	367,019	379,443	414,932	446,300	487,692	517,641

出典：新竹市政府『新竹市統計要覧』、新竹県政府『新竹県統計要覧』の統計データをもとに筆者作成。

注：1982 年まで新竹市は新竹県管轄下の市であったが、その年に省轄市に昇格した。

かつて「縦貫鉄道沿線で最も後進的な都市」と揶揄された新竹地域は、短期間のうちに台湾随一にして世界有数のハイテク産業拠点への変貌をとげ、「台湾経済の奇跡」を象徴する場所となった。この過程で、当地は、産業構造だけでなく、人口規模、人口構成、都市景観、地域政治、地域アイデンティティなどを含む非常に広範でドラスティックな社会的再編を経験することになった［河口　二〇〇八］。

高い流動性と多様な人口構成

表7―2が示すように、一九八二年～二〇一一年の間に、新竹市・新竹県の総人口は約二八・四万人増加している。この間の人口増加率は四〇%を上回り、台湾の全県市のなかでこれほどの増加率を示したところは他にない。当地の人口は現在も増加傾向にある。言うまで

もなく、増加人口の大部分がサイエンスパーク周辺での雇用機会創出にともなって生じた人口流入を背景とした社会増である。それゆえ、現在の新竹地域では域内人口に占める外来者比率が他地域に比べて非常に高い。一方、域内出身者においても、就学機会や就業機会を求めて域外へ転出する者が多い。そのため、今日、当地の人口は非常に高い流動性を示している。

また、新竹地域は古くから多様な出自の移民を受け入れてきたため、常に多様な人口構成を示してきた[5]。古くから当地に居住する本省籍の人々（大きく分けて福建系、客家系、原住民から構成）も戦後初期に流入した外省籍の人々もともに出自は非常に多様である。一九八〇年代以降のサイエンスパークの発展にともなって、米国シリコンバレーをはじめ世界各地から多くの高度人材とその家族（中国系に限らず）が流入したことにより、当地の人口構成はいっそうの多様化をみせた。

高い教育水準・所得水準

サイエンスパーク開設以降の外来者においては高学歴・高所得者が占める割合が高かったため、新竹市の教育水準ならびに所得水準は著しく上昇した（特に一九九〇年代の一〇年間）。表7―3、表7―4が示すように、二一世紀を迎えるころには教育水準も所得水準も新竹市は国内トップクラスに達していた。新竹市には、国内有数の研究開発機関、高等教育機関、ハイテク企業が数多く集積しており、非常に分厚い知識人層がみられるようになっている。二〇〇〇年代後半に新竹市で展開されていた市民運動（文化遺産保存に関わるもの）を取材した雑誌記事は、当地を「都市の知識人密

表7-3　新竹市の就業者学歴の推移（1992～2011年）（%）

	小学校以下	中学校	高校	専科	大学以上
1992	25.3	19.7	32.7	22.3	
1996	19.3	16.8	36	27.9	
2001	14.8	15.1	33.9	36.3	
2006	8.1	13.2	32.8	18.8	27.1
2011	5.2	9.6	30.7	17.2	38
台湾全体2011	8.3	13.1	34.1	16.8	27.7

出典：新竹市政府『新竹市人力資源調査統計分析』の統計データをもとに筆者作成。

表7-4　主要7都市の平均世帯年収の推移（1981～2011年）（万NT$）

	1981	1991	2001	2011
台北市	38.5	95.3	159.6	164.5
基隆市	31.8	78.8	100.3	106.3
新竹市	*29.3	70.5	148.6	155.6
台中市	32.8	75.8	131.4	114.9
嘉義市	*25.0	65.3	102.2	96.4
台南市	28.2	69.4	98.4	97.8
高雄市	30.1	77.3	120.7	109.1

出典：行政院経済建設委員会都市及住宅発展処『都市及区域発展統計』の統計データをもとに筆者作成。

注：1981年の新竹市・嘉義市の数値はそれぞれ新竹県と嘉義県の数値である。両市は翌1982年に省轄市に昇格。2010年に台中市と台中県、台南市と台南県、高雄市と高雄県がそれぞれ合併。

度、華人社会で随一」と評している［李　二〇〇八］。

空間的・社会的乖離

そもそも新竹でのハイテク産業育成は、当地住民の意思とは無関係に国家権力によりトップダウンで推し進められたものであり、そのために開発された中央政府直属のサイエンスパークは旧市街地から空間的にも社会的にも大きく乖離することになった。

サイエンスパークと旧市街地は車で二〇分程度という至近距離にあるものの、その景観はまったく異質なものである。サイエンスパークは綿密な計画のもとに人工的につくられた空間であり、その風景を一言で表すなら「無機質」という言葉が該当しよう。一方、旧市街地は一部に清代の城郭都市の風情を残しつつ、およそ計画的とは言い難い拡大をとげてきた空間であり、その風景を一言で表すなら「雑然」という言葉が該当しよう。

また、サイエンスパークは中央政府直属であるため、新竹市政府は原則としてサイエンスパーク入居企業から法人税を徴収できないだけでなく、サイエンスパークの計画・運営に介入することもできない。

さらに、サイエンスパークとその周辺に形成された外来者主体、高学歴・高所得層主体の「ハイテクコミュニティ」(中国語では「科技社群」)と旧市街地のローカルコミュニティは、もともと異質な社会集団であり、勤務先だけでなく、居住地、子弟の学校、日常消費、余暇活動など生活圏全般においてほとんど接点を有してこなかった(6)。

このような空間的・社会的乖離はさまざまな社会問題を生んできた。たとえば、サイエンスパークへ優先的に供給されるために生じた水・電力の不足、サイエンスパークの工場施設から排出される有毒物質による環境汚染、土地収用にともなうサイエンスパーク周辺農村のコミュニティ崩壊、そして、交通渋滞・交通事故の頻発など枚挙に暇がない[河口 二〇〇八]。

三　旧天然瓦斯研究所現存施設を取り巻く好条件

本節では、旧天研本館の産業遺産としての可能性について検討する。前述のように、これもまた大内から託された「遺言」に端を発しており、インタビューの折、大内は、自らが設計・建設に深く関与した旧本館が「台湾シリコンバレー」のルーツを表象する建築物として保存され、先人たちの物語を未来に伝えるための博物館施設に再構築されることを強く願っていた。この大内の「遺言」は決して浮世離れしたものではなく、今日の台湾にはそれを後押しする「追い風」が吹いている。さらに、旧本館そのものとそれを取り巻く環境には以下のような好条件が備わっている。

物語の希少価値

すでに明らかなように、旧天研は、工研院、ひいては「台湾シリコンバレー」のルーツであるにもかかわらず、戦後長きにわたってほとんど語られることのないまま歴史の闇に埋もれていた物語には希少価値があり、社会に対するインパクトがある。

本書において記述した物語は、かつて天研に所属した一〇〇人を超える人々の物語を網羅したものではなく、断片的な記述であると言わざるを得ないが、そこには、ゼロからのインフラ整備、先進工業国からの技術移転、地域産業界への技術指導、人材育成、残された「種」の結実など、「台

図 7-1　旧天研本館の現状（黄釣銘提供）

湾シリコンバレー」のルーツを探るうえで有効な情報が多く詰まっている。

また、大内青年の物語は決してヒロイックなものではないが、その奔走、苦悩、挫折、喪失、そして、善意の報いとつづいた物語は、時代を越えて多くの人々の心を打つものであろう。実際、地元新竹でこの物語を発表した際には、工研院関係者を中心に読者から大きな反響があった（エピローグで詳述）。

良好な保存状態

二〇一八年末現在においても現役の研究所施設として機能している旧天研本館は保存状態が非常に良く、八〇年近い歳月を経た建築物とは思えないような美しい佇まいをみせている（隣接の旧二号館も同様である）。それだけではなく、大内が研究所施設の外観やアメニティを考慮して旧本館玄関口から旧正門につながる道の両脇に植えた筏葛の並木（第二章参照）もやはり美し

図 7-2　旧天研 2 号館の現状（黄鈞銘提供）

い姿を留めており、旧本館施設周辺の景観に色を添えている。これも「何でも屋」大内が残したものに他ならない。

文教・美観地区という周辺環境

旧本館は周辺環境にも恵まれている。同館が立地する十八尖山山麓一帯は、旧市街地とサイエンスパークの中間に位置し、その景観は、雑然とした旧市街地とも無機質なサイエンスパークとも異なり、ゆとりと温かみを備えたものである。しかも、当地には、工研院光復院区、清華大学、交通大学、新竹教育大学、新竹高級商業職業学校、新竹高級中学といった研究開発機関・教育機関の他、玻璃工芸博物館、市民公園、動物園、植物園、ハイキングコースをはじめとするさまざまな文化施設が備わっており、文教・美観地区としてのさらなる発展可能性を秘めている。それゆえ、旧天研本館の産業遺産としての保存・活用を企図するな

図 7-3　筏葛の並木道の現状（奥は旧天研 2 号館）（黄鈞銘提供）

ら、こうした文教・美観地区の「面」のなかに位置づけられてしかるべきであろう。

産業遺産の集積

新竹市に隣接する新竹県や苗栗県にまで視界を広げてみると、周辺には日本統治期の石油・天然ガス資源および化学工業に関わる産業遺産が多く集積しており、日本の経済産業省「近代化産業遺産群」事業が採用したような、「物語」を軸にして、複数の遺産を関連付けながら個々の遺産の価値を明確化するという方法をここでもとることが可能である。

苗栗県にある出磺坑油田（台湾最古の油田とされる）では、すでに二〇〇〇年代より中国石油公司と苗栗県政府による産業遺産としての保存・活用事業が進められている。また、エピローグで詳述するように、近年、旧天研と関わりの深い日本統治期の軍事関連施設・産業施設の産業遺産としての保存・活用の取り組みが大きな進展をみている。

まちづくりに関わる官民双方の豊富な経験蓄積

一九九四年、台湾政府は「本土化」政策の一環として「社区総体営造」[7]をキーコンセプトとする新たな政策を発表し、その後、全国レベルでまちづくり政策を強力に推進することになった。翌年、新竹市は宜蘭県とともにまちづくり政策のモデル地域（県・直轄市レベル）に指定された。これを機に新竹市には中央政府から潤沢な助成金が付与され、新竹市政府の文化センター（二〇〇〇年に文化局に昇格）が主体となって、社区（コミュニティ）レベルの各種事業（公衆衛生の改善、治安の改善、児童通学の安全向上、乳幼児の託児サービス、老人ケア、余暇活動、郷土史調査など）ならびに全市レベルの各種事業（地域文化に関わる観光イベントの開催、博物館の開設、旧市街地の景観整備、生涯教育支援、郷土史関連の出版助成など）が実施された[8]。

その一方で、新竹地域では早い時期から市民運動（特に環境保護運動）が盛んであり、一九八七年の「李長栄化学工場事件[9]」に端を発する市民運動は台湾では非常によく知られている。一九九〇年代半ば以降には、上記のような政策誘導により市民運動としての社区総体営造も大きな盛り上がりをみせ、新竹文化協会（一九九五年設立）をはじめ多くの市民団体が設立された。こうして、当地では官民双方でまちづくりに関する経験が多く蓄積されてゆくことになった。

また、新竹地域での社区総体営造の発展過程を考えるうえで、当地が台湾随一の学園都市であることはやはり有利な条件である。実際、その過程において清華大学・交通大学をはじめとする地元大学に籍を置く研究者たちがリーダーや顧問の役割を果たしており、大学のさまざまな資源が活用されてきた〔河口 二〇一二〕。

「台湾シリコンバレー」の経済的・社会的資源

近年、新竹サイエンスパークはGDPのおよそ一割に相当する巨大な生産額を叩き出すようになっており、そこには台湾ハイテク産業界のリーディング企業が多数存在している。また、サイエンスパークの発展にともなう高度人材の流入により、近年、新竹地域は全国トップクラスの教育水準、所得水準、消費水準を誇るようになっている。このように企業も市民も経済的に豊かであることは、新竹地域にとってさまざまな取り組みを可能にする有利な条件であるに違いないが、ごく最近までは必ずしも有利に働いてこなかったようだ。それは、先述のように、サイエンスパークとその周辺に形成されたハイテクコミュニティが旧市街地のローカルコミュニティから空間的にも社会的にも乖離しており、そこに備わる資源が地域の公益のために動員されることがあまりなかったからである。

しかしながら、近年では、サイエンスパークに本社を置くいくつかの有力企業がCSR活動の一環として企業財団（中国語では「基金会」）[10]を設立し、新竹地域におけるまちづくりや芸術文化活動、社会教育、社会福祉などへの支援に力を入れるようになっており、こうした環境下において地域の公共財としての文化遺産の保存・活用という課題が今後いっそう大きな社会的関心を集めることになる可能性は十分にある。さらに「台湾シリコンバレー」と称される台湾随一にして世界有数のハイテク産業拠点という新竹地域の性質を考慮するなら、産業遺産という文化遺産の一類型が他地域よりもいっそう大きな説得力をもつと期待し得る。

四　「台湾シリコンバレー」の持続的発展のために

以上のように、旧天研現存施設はさまざまな有利な条件を備えており、その保存・活用（博物館化）を図ることによりさまざまな効果を期待することができる。まず何より、それは地域観光産業への新しいコンテンツ（「学習」的側面に重点）の提供という形で地域活性化につながるだろうが、地域社会への効果はそれだけに留まるものではない。その立地条件（先述のように、サイエンスパークと旧市街地の間に位置し、文教・美観地区としてのさらなる発展可能性を秘めている）に鑑みると、それはまた空間的にも社会的にも乖離したハイテクコミュニティとローカルコミュニティの間の「橋渡し」役（地域内部における不均衡是正）という形、さらには、新たな文化空間の創出、地域全体のＱＯＬ（Quolity of life、生活の質）の向上という形でも地域活性化につながり得るだろう。

「台湾シリコンバレー」新竹はそもそも「外に開かれた」土地柄であり、そこに係留する高度人材の一群は高い流動性を示す集団であるが、このような開放性と流動性は、当地のハイテク産業にとって強みであると同時に弱みでもあるといえよう。近年、中国沿岸部でのハイテク産業勃興を背景に、台湾から中国沿岸部への技術、資本、人材の移動が活発化しており、新竹地域もそうした時代潮流と無関係ではありえない。今後も新竹のハイテク産業が有能な人材をつなぎとめつつ、外から新たな人材を獲得するためには、何より、その生命線と言うべき研究開発機能の高度化が不可欠であることは言うまでもないが、それだけでなく、現状ではそのハイテク産業拠点としての国際的知名度に見合わない地域のQOLをいかに高めるかということも今後ますます重要な意味をもつことになるだろう[11]。

今日の「台湾シリコンバレー」新竹は、まさに「持続可能な発展」を真剣に考えるべき時期にさしかかっており、今後は、新しい高速道路や高層ビルを建設するだけでなく、地域の「文化的装い」をいっそう洗練させることもますます重要になってくるに違いない。旧天研現存施設の保存・活用（周辺一帯の景観整備も視野に入れつつ）を図ることは、このような生活品質や文化環境に関わる問題の改善に向けて、少なくとも一つの「トリガー」になり得るのではないだろうか。

注

（1）産業考古学会のホームページ（http://messena.la.coocan.jp/ACADEMIA/JIAS/）には、二〇〇三年にTICCIHが採択した「産業遺産ニジニータギル憲章」の邦訳（翻訳　宇野いつ子）が掲載されている。それによれば、産業遺産は「歴史的、技術的、社会的、建築学的、あるいは科学的価値のある産業文化の遺物から成る。これらの遺物は建物、機械、工房、工場及び製造所、炭坑及び処理精製場、倉庫や貯蔵庫、エネルギーを製造し、伝達し、消費する場所、輸送とその全てのインフラ、そして住宅、宗教礼拝、教育など産業に関わる社会活動のために使用される場所から成る」と定義されている。また、産業考古学に関しては「産業工程を目的とし、あるいはその結果作られた記録、人工遺物、層序、建造物、人間の居住地、自然景観及び都市景観など、有形、無形のすべての証拠を研究する学際的方法」と定義されている。同憲章は、ユネスコに承認され、産業遺産保存に関する世界基準となっている。詳しくは、産業考古学会のホームページを参照されたい。

（2）「縦貫鉄道」とは台湾海峡に沿って北部の基隆から南部の高雄に至る台湾鉄路の路線のことであり、その沿線に台湾の主要七都市（基隆、台北、新竹、台中、嘉義、台南、高雄）がある。

（3）サイエンスパークに入居できるのは、台湾政府が指定する重点育成分野の企業のみである。政府が定めるさまざまな基準をクリアしサイエンスパークに入居できた企業には、五年間の法人税免除、免除期間終了後の税額上限措置、海外からの設備調達にかかわる関税などの免除といったさまざまな優遇措置が施された。もともと基本設計の段階において台湾政府がサイエンスパークを一つのコミュニティにしようという理想をもっていたため、サイエンスパーク内には、業務エリアだけでなく、居住エリアや学校も設けられた。業務エリアには、サイエンスパーク管理局（行政院国家科学委員会管轄）、入居企業のオフィス・工場、公的研究開発機関だけでなく、銀行、法律事務所、会計事務所、郵便局、診療所などさまざまなサービス業務を担う施設も置かれた。また、居住エリアには、住宅だけでなく、ゴルフ練習場、テニスコート、スイミングプールなどのレクリエーション施設も置かれた。さらに、サイエンスパーク内に設けられた国立新竹科学工業園区実験高級中学は幼稚園から高校までを備える一貫教育校であり、そこには帰国子女向けのバイリンガルコースも併設された。言うまでもなく、そのような事業面と生活面の双方における行き届いたサービスはシリコンバレーなどから「回流」する高度人材とその家族を想定しつつ計画されたものであった［河口二〇〇八］。

（4）戦後初期、反共陣営の重要軍事拠点になった台湾には、同盟関係の米国から莫大な軍事的・経済的援助がもたらされ、そのなかには潤沢な教育援助予算も組み込まれていた。それによって、当時の台湾では、新たにさまざまな教育関連施設が建設されるとともに、海外（主に米国）への留学・研修の機会が付与された。当時の台湾では「来来来台大、去去去美国」（台湾大学へ来い来い来い、米国へ行こう行こう行こう）というフレーズが生まれ、台湾大学卒業生のようなエリートの卵たちはこぞって米国を目指し、その多くは学位取得後も米国にとどまることになった。それは典型的な「頭脳流出」（brain drain）であったが、背景には当時の台湾の政治的不安定や経済的立ち遅れ（留学先で苦学して得た知識や技術を活かせる場がない）という事情があった。一九六〇〜七〇年代は、後に世界のハイテク産業を大きくリードすることになる米国シリコンバレーのテイクオフ期に当たり、その過程において台湾系を中心に華人系ハイテク技術者・起業家が非常に重要な役割を果たした。台湾に電子工業を興すに当たって台湾政府が目を付けたのは、まさにこのような経緯からシリコンバレーを中心に海外のハイテク産業拠点で活躍していた同胞たちが備える先進技術と人的コネクションであった。米国から台湾への帰還者数は一九八〇年代半ばごろには年間一〇〇〇人程度であったが、一九九〇年代に入ってから急増し、ピーク期の一九九三〜九五年には年間五〇〇〇人に達した。一九八〇年代半ば以降の一〇年間における米国からの帰還者総数は四万人を超えた。その最も重要な「受け皿」となったのが「台湾シリコンバレー」新竹であった［河口　二〇一三］。

（5）　新竹地域の歴史に詳しいジャーナリスト・郷土史家の潘国正によれば、当地の三〇〇年の歩みのなかで六回もの大きな移民流入の波があったという［潘　二〇〇五］。

（6）　開設当初のサイエンスパークでは、部外者の立ち入りが厳しく制限されたため、サイエンスパーク勤務者でない地域住民は自由に出入りできなかった。サイエンスパーク企業に雇用された者も少なからずみられたが、大多数の地域住民にとってサイエンスパークの存在意義、業務内容は理解の域を越えるものであった。一方、サイエンスパークの発展にともなって増加した外来者は総じて新竹地域との接点をほとんどもたなかった。開設当初のサイエンスパークに勤務した外来者（特に高学歴・高所得層）の間では通勤可能な台北エリアに居住する者が多く、新竹に居住することになっても、サイエンスパーク近辺に開発された閉鎖的な新興住宅団地に居住し、ショッピングやレジャーに関しては施設が充実した台北エリアにわざわざ足を運ぶ者も少なくなかった［河口　二〇〇八］。

（7）『台湾歴史辞典』には以下のような社区総体営造に関する説明文がみられる。「一九九四年にはじまる行政院文化建設委員会の施政計画である。その主旨は、住民の社区への自主的参加を通して住民相互の利害ならびに社区意識を凝集させるとともに、住民の社区に対する関心と参加意識をいっそう向上させることにより、社区の住民間ならびに住民・社区間の連帯を構築する、ということである。その主な機能は、社区の基礎建設、社区のQOL向上促進、産業文化化・文化産業化の理念に即した社区の特色的な伝統産業の振興、社会改造による住民の社区への自己同一化ならびに社区の公共業務への積極的参加の促進、社区住民の価値観の凝集などである」［行政院文化建設委員会編　二〇〇四：五一一―五一二］。

（8）この時期に新竹市文化センターが実施した全市レベルの事業としては、ガラス工芸（第六章参照）、ビーフン、風（新竹は年中を通して風が強く、「風のまち」として知られる）、凧、漫画、映画、「眷村」（戦後初期に国民党政府とともに中国本土より移住してきた外省人の居住地、エピローグ参照）といった地域文化に関わる観光イベントの開催、日本統治期に由来する旧建築を活用した博物館（玻璃工芸博物館、影像博物館、消防博物館、眷村博物館など）の開設、旧市街地のランドマークをなしてきた旧建築（清朝末期に建設された「東門城」（城門跡）、日本統治期に建設された台湾鉄路新竹駅駅舎など）の修復・景観整備、「社区大学」（市内に五校開設）をはじめとする生涯教育支援、郷土史研究に特化した『竹塹文化資産叢書』シリーズ（一九九〇年代の一〇年間に二〇〇冊以上刊行）や『竹塹文献雑誌』（季刊）をはじめとする出版助成など枚挙に暇がない。この時期、台湾各地で郷土史研究に関する出版物が大量に刊行されることになるが、そのなかで新竹市は出版量において群を抜いていた［河口　二〇一二］。

（9）一九八七年に明るみに出た、李長栄化学工業有限公司（当時、新竹市郊外の水源里村に設けられた工場でホルマリンなどの化学薬品を製造）による環境汚染問題を指している。特筆すべきは、この事件をきっかけに起こった抗議運動には、水源里村の被害住民（農民）だけでなく、清華大学・交通大学（ともにキャンパスが工場から至近距離にあるため被害を受けていた）をはじめとする地元大学の教員六〇～七〇名が参加した、ということである。そのため、この運動は、高度な専門知識に裏付けられた批判能力、交渉能力、情報発信能力を備えたものであった。同年、この運動の参加者たちは、新竹で最初の民間環境保護団体、「新竹市公害防治協会」を設立した。すぐに一〇〇名超に膨れ上った初期メンバーのなかには、一九八六年にノーベル化学賞を受賞したばかりの李遠哲（新竹出身、清華大学卒、「台湾の良心」と称される国際派知識人、当時米国在住）も含まれていた。その後、四五〇日にも及んだ激しい抗議運動の結果、政府は、この新しい民間団体の抗議内容をほぼ全面的に受け入れ、李長栄化学工業公司に対して工場閉鎖の命令を下した。このように成功裏に終わった一連の抗議運動を通して、当地における市民運動の基礎が築かれるとともに、若い世代の市民運動家が数多く育成されることになった［河口　二〇一二］。

（10）なかでも新竹サイエンスパークのトップ企業であるＴＳＭＣ（中国語名の略称は「台積電」）が一九九八年に設立した台積電文教基金会は特に目立った動きを示しており、その活動成果項目のなかには地域の文化遺産保存に関わる支援も含まれている。

（11）この点については、近年、地元有識者の間でも関心が高まっている［黄　二〇〇七、林　二〇一二］。

エピローグ

一　大内一三との邂逅

筆者が調査活動のため頻繁に台湾・新竹を訪れるようになるのは二〇〇四年のことである。その年の春に博士課程を修了すると同時に研究機関のポスドク職を得た筆者は、心機一転、調査フィールドをそれまでの香港から「台湾シリコンバレー」新竹に移し、そこで高度人材の国際移動に関する調査ならびにサイエンスパークの発展にともなう地域再編に関する調査を進めることにした。その年の暮れに新竹を訪れた筆者は、新竹在住の知人に紹介され、タウン情報誌『園区生活雑誌』[1]を発行する黄鈞銘と知り合った。サイエンスパークと地域社会の双方に明るい黄と出会ったことにより、筆者の調査活動は大きく前進することになる。

翌二〇〇五年、財団法人交流協会より研究助成金（日台研究支援事業）を得た筆者は、夏の一ヵ月

図 E-1 『園区生活雑誌』

あまり、新竹に滞在し、黄が取り組むタウン情報誌事業およびＮＰＯ活動について参与観察を行なった。八月半ばのある日、筆者は黄に連れられて工研院化学工業研究所退職者の親睦会に参加し、そこで旧天研ＯＢの陳培基と面識を得た。その際に陳から聞かされた天研時代の思い出は非常に興味深く、後日、改めて新竹市内の陳宅を訪れ、いっそう詳しく当時の経験についてインタビューを行なった。その際、陳から彼の恩師である大内一三が一〇〇歳にしていまだ健在であることを知らされ、知られざる天研の歴史を本格的に調査したいのなら、設立時のキーパーソンの一人である大内を訪問するようにと強く促された。

九月半ばに帰国した筆者は早速、大内に手紙を送り、面談を依頼した。それから数日後、筆者の携帯電話に大内から連絡があった。一〇〇歳という高齢とは思えない若々しい声に驚かされた。改めて面談の依頼をしたところ、快い返事を得ることができた。

二〇〇五年一〇月八日、筆者は、大内が余生を送る愛知県東海市を訪れ、大内家から程近い福祉施設内のレストランで対面した。一〇〇歳という高齢ゆえ、インタビューは一時間程度が限界であると考えた。そして、一度目のインタビューでは欲張らずに、まずは「ラポール」（信頼関係）の構築に専念し、許されるなら複数回のインタビューを行ないたいと考えていた。しかし、実際に筆者の前に現れた大内は一〇〇歳とは思えない若々しさで、話すことも聞くこともまったく問題のない様子であった。陳培基からの紹介状のおかげで、顔を合わせた瞬間から大内は筆者に対して非常に好意的であった。

インタビューの冒頭、大内ははっきりとした口調で「自分が知っていることは何でも話す。どんな形でもいいから、自分が話したことを文章にして残してほしい」と筆者に言った。この言葉により、筆者は、まさに消えゆく記憶を記録に留める作業を大内から託されることになった。

その後のインタビューは極めて円滑に進行し、時間が経つにつれ、大内の記憶はますますクリアになっていった。結局、インタビュー時間は当初予定した一時間をはるかに越え、昼食をはさんで五時間にも及んだ。社会調査を生業とする筆者はこれまでに幾度となくインタビューを行なっているが、一度に五時間という長さは異例のものであった。

大内へのインタビューは、本書で記述した天研時代の経験に関する質問が中心であったが、それ以外にも幼少期の故郷名古屋での日々、学生生活を送った東京での日々、渡台前に四年ほど勤務した北海道大学での日々、引き揚げ後に約三〇年間勤務したカゴメ株式会社での日々、そして、引退後の日々などに関する質問も合わせて行なうことができた。

大内の一〇〇年におよぶ人生は、台湾での一〇年間だけでなく、すべての時期において興味深いエピソードが備わっていた。特にカゴメ時代のエピソードは非常に興味深く、それをまとめるだけでも一冊の本になり得る内容であった。簡単にカゴメでの日々にふれると、引き揚げ後に郷里へ戻った彼は、亡父の友人であったカゴメ創業者、蟹江一太郎からの誘いを受けて同社に入社することになった。「トマト王」と呼ばれた蟹江は、若き日の友が遺した子の境遇をいつも気にかけていた。カゴメでは主として缶入りトマトジュースの研究開発、トマトジュース製造工場の機械化・自動化などの業務に携わった。もともと天然ガスやガラス加工の研究を専門としていた彼にとって農芸化学の領域は「畑違い」であったものの、台湾での研究施設建設の経験はカゴメで工場建設関連業務に携わる際に大いに役立った。カゴメに約三〇年間にわたって勤務した彼は、研究技術課長、研究所長、常務取締役、顧問、相談役などの要職を歴任し、高度経済成長期以降の同社の拡大発展に大きく貢献した。また、社外では、社団法人トマト工業会の設立（一九六二年）に深く関与し、同会で技術研究委員長などの要職を歴任するなど、トマト工業界全体の発展にも大きく貢献した。

大内へのインタビューは五時間にも及んだとはいえ、一〇〇年もの長い人生のすべてを聞くには五時間でも足りなかった。インタビューを終え帰路につく直前に、筆者は、気候が良くなる三月ごろに再訪したい旨を伝えたところ、大内からは「いつあの世に行くことになってもおかしくない身体なので、三月まで生きていられるかわからないが、また会って昔のことをお話しすることができたらうれしい」という返答があった。まさかそれが大内との最初で最後のインタビューになるとはその時点では夢にも思わなかった。

その日の夜、大内から筆者のもとに電話がかかってきた。用件はインタビューのなかで彼が示した数字がほんの少し誤っていたので訂正してほしい、というものであった。その言葉を耳にして、彼の几帳面な性格を知るとともに、筆者の研究に対する彼の思いの丈をうかがい知ることにもなった。

その後、録音したインタビュー内容の整理作業を行なったが、その際には、大内と天研時代の部下たちとの間の師弟愛に関するいくつかのエピソードに改めて感動させられた。第五章でふれた引き揚げ時の基隆港でのエピソード（弁当の差し入れ）は彼らの師弟愛を最も顕著に示すものであり、それを回想したときの大内の目は涙にぬれていた。また、本文中ではふれなかったが、一九八四年に大内がかつての部下たちの招きに応じて新竹を訪れた際のエピソードも非常に感動的なものである。それについて大内は次のように述懐している。

私の八〇歳のお祝いに台湾の連中が私を招待してくれた。俳句の会の友人たちに「今度、台湾に行って来る」と言うと、みんな連れてってくれと頼むから、困った（笑）。結局、四人で行くことになった。行くと、陳培基やら陳水泉やら昔の部下がたくさんやって来て大歓迎をしてくれるもんだから、一緒に行った俳句の会の連中がみんなびっくりしちゃってね（笑）。す

図 E-2　大内の 80 歳誕生日を祝う会（陳培基提供）

ると、天研の事務員だった女性が「ちょっと手を出してくださいと」言うもんだから、何かなと思ったら、金の指輪をはめてくれた。「これは何だ？」とたずねたら、「あなたの八〇歳のお祝いだ」と言う。そしたら、一緒に行った連中が羨ましがってね。おかげで私の格が上がったよ（笑）（筆者インタビュー）。

一二月半ばごろにはインタビューデータと関連資料の整理作業を終え、レポートを黄鈞銘に送った。そして、同じタイミングで筆者は大内に手紙を出し、翌春には『園区生活雑誌』で天研特集が組まれる予定であることを伝えるとともに、三月再訪の件を改めて依頼した。しかし、その手紙に対する大内からの返事は来なかった。まさか大内が新年を迎えることのないまま、大晦日の日に天に召されることになるとは夢にも思わなかった。そして二月半ばのある日、陳培基から

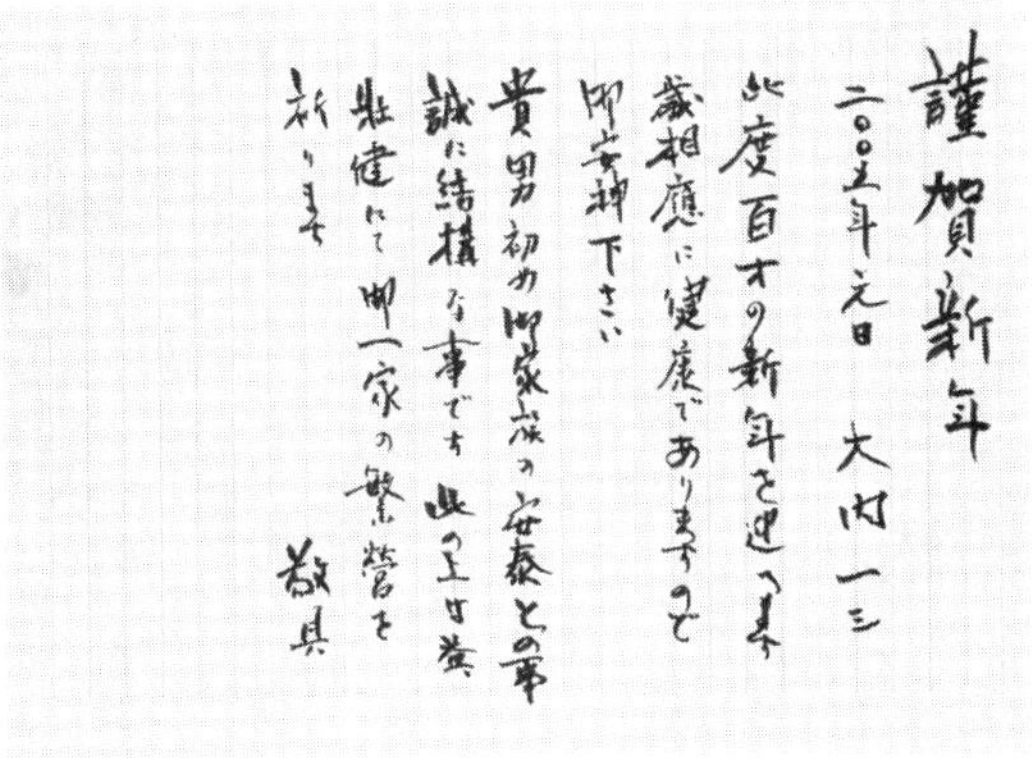
謹賀新年
二〇〇五年元日　大内一三
此度百才の新年を迎へます
歳相應に健康でありますので
御安神下さい
貴男初め御家族の安泰との事
誠に結構な事です　此の上は益
壮健にて御一家の繁営を
祈ります
敬具

図 E-3　大内から陳への最後の年賀状（2005 年）（陳培基提供）

大内逝去の知らせが届いた。まったく予想もしなかった知らせに愕然とした。大内の遺族から陳に送られた手紙によると、病床での最後の数日間、大内は意識不明のなかで何度も「台湾」、「新竹」、「天然ガス」といった言葉を口にしたという。

一度きりのインタビューのなかで大内は新竹への思いを次のように語っていた。

> 新竹にいたのはわずか一〇年であり、人生一〇〇年のうちの一〇分の一にすぎない。しかし、私はそこでいろいろと忘れられない経験をし、非常に充実した時間を送ることができた。だから、「第二の故郷」である新竹に対して今も特別な感情をもっている（筆者インタビュー）。

筆者は一〇〇年を生きた大内の最後の三ヵ月に遭遇し、まったく予期せぬ形で彼から「遺言」を託されることになった。

二　消えゆく記憶の記録

大内の突然の死を知らされた日を境に、筆者は、彼の人生最後の語りを文章化することに「使命感」を抱くようになり、彼を主人公とした物語の執筆作業に取り組むことになった。それと同時に補足調査を行なったが、その際には陳培基をはじめ多くの天研関係者から協力を得ることができた。しかしながら、一度きりのインタビューで得られた大内の語りはやはり情報の抜け落ちが多く、また与えられた情報が不正確であることも少なくなかった。それゆえ、大内の語りをもとに一つの物語を記述することは、まるでピースが揃っていない「ジグソーパズル」の空白をさまざまな手段を用いて埋めてゆくという骨の折れる作業であった。

このように、まったく予期せぬ形ではじまった「ジグソーパズル」的作業であったが、骨折りが報われるまでにはさほど長い時間を要さなかった。亡き大内への追悼の思いを込めて、『園区生活雑誌』第九七期（二〇〇六年四月刊）において黄鈞銘、何連生（黄の岳父、台湾製糖有限公司で工場長などの要職を務めた技術者、日本語が堪能）との連名で特集「新竹科学城的歴史巡礼」を発表した。そこでは、大内から得られた情報を中心に、天研設立の経緯、研究開発の具体的内容、技術移転、産業界への貢献、後進人材育成、研究所の遺産に関する記述が並んだ。当初、筆者らは、日本統治期の軍事関

図 E-4　『園区生活雑誌』の天研特集

連施設という題材ゆえ、読者の反応に対して一抹の不安を感じていた。しかし、実際に蓋を開けてみると、懸念された読者からのネガティブな反応は一切なく、予想以上に肯定的な反応が返ってきた。反応のなかにはいっそう詳細な内容の続編を期待するという声も多くあった。こうした読者からの好意的な反応に後押しされる形で、筆者はその後も引き続き「ジグソーパズル」的作業に注力することになった。

　そして、大内の死から一年後の二〇〇六年一二月二一日、プロローグでふれた天研七〇周年記念式典が催されたが、その際、式典の内容が天研の歴史に重きを置くものであったことを知り、筆者は自らが行なう作業に対する確かな「追い風」を感じ、勇気づけられた。

図 E-5　拙著『台湾矽谷尋根』

三　拙著『台湾矽谷尋根』の刊行

　その後、黄鈞銘、何連生、何乃蕙（黄の妻、「園区生活雑誌」編集長）の協力のもと、大内の物語を一冊の本にまとめる作業をつづけ、二〇〇九年六月、『台湾矽谷尋根――日治時期台湾高科技産業史話』を園区生活雑誌社より刊行した。メインタイトルの「台湾矽谷尋根」は、新竹の代名詞「台湾矽谷」（台湾シリコンバレー）と同時代の台湾社会を象徴するキーワードの一つ「尋根」（ルーツ探し）をつなぎ合わせたものである。

　拙著『台湾矽谷尋根』は名目的には筆者一人が著者、何連生が訳者という形をとっているが、実質的には黄鈞銘・何乃蕙夫妻を含む四名による共著である。筆者が主に担ったのは日本語資料の収集、関係者へのインタビュー、日本語による下原稿の執筆という一連の作業であった。それが中文に翻訳される過程にお

図 E-6　新書発表会（左より蔡仁堅、李鍾熙、黄鈞銘、筆者、何連生）（黄鈞銘提供）

いては、高度な日本語運用能力に加えて化学分野の専門知識を豊富に備える何連生のコミットメントが、その分野の専門ではない筆者（専門は社会学）にとって大きな助けとなった。また、編集過程においては、新竹のあらゆる地域情報に明るい黄夫妻のコミットメントが、ネイティブ研究者ではない筆者の弱みを補うものであった。こうした二重のネイティブ・チェックを通して、筆者が作成した下原稿は格段にブラッシュアップされ、完成をみることになった。

拙著の刊行に際しては、李鍾熙工研院院長（当時）、陳其南台北芸術大学教授(2)（当時）、蔡仁堅元新竹市長(3)といった拙著にはおよそ不釣り合いなビックネームから序文が寄せられた。

その年の九月半ば、黄鈞銘の主導により新竹にて拙著の新書発表会が催された。筆者と黄鈞銘は記者や市民を前に拙著刊行に至る経緯を説明したうえで、旧天研現存施設の産業遺産としての可能性を強調した。こ

日人花5年尋根

竹科傳奇源頭 天然瓦斯研究所

【記者李青霖／新竹報導】新竹有台灣矽谷美稱，不過，這座矽谷源頭在那裡？多數人答不出來，日本研究員河口充勇花了5年多，確認日據時期設在新竹市光復路的「天然瓦斯研究所」（現在的工研院「材料化學研究所」）就是。

河口充勇把他探源過程紀錄成章完成「台灣矽谷尋根」，昨天發表。工研院院長李鍾熙說，天然瓦斯研究所是工研院前身，也的確是台灣科技產業源頭；前市長蔡仁堅說，這部著作「喚醒人與土地的記憶」。

新竹科學園區1973年設立後帶動台灣科技產業發展，創造另一波經濟奇蹟，李鍾熙說，事實上，台積、聯電、聯發科等大廠，多半從工研院衍生出去。

河口充勇是日本京都同志社大學「技術企業國際競爭力研究所」研究員，2001年認識前文建會主委陳其南，2004年到台灣做研究，對新竹科技產業聚落有興趣，在交大研究1個月。

天然瓦斯研究所由日本大內一三創設，河口打聽到他還健在，2005年10月與他見面，兩人聊了5個小時。大內告訴河口「新竹10年在我百年人生中，特別有意義」；2個月後大內就往生。

日本京都同志社大學研究員河口充勇（右）花5年多時間，完成「台灣矽谷尋根」作品，由退休的台糖屏東副總廠長何連生翻譯。　記者李青霖／攝影

河口認為，大內對新竹最大貢獻是技術移轉，透過大內，日本北海道、東北大學移轉許多技術到台灣，也培養在地玻璃工作者，對新竹玻璃工業發展也是啟蒙者。河口的著作除詳述天然瓦斯研究所背景、也有許多大內與台灣員工深厚情誼的感人故事。

二次大戰後天然瓦斯研究所由中油代管，後轉經濟部「聯合工業研究所」，再變身工研院，台灣半導體產業就從工研院開始，形成巨大的產業鏈。

河口以日文書寫，由何連生翻譯，竹中退休老師張福春買了80本送給國內各圖書館、日本料理店老闆楊武雄也買40本送新竹縣各中學圖書館，有意購書捐贈學校，可洽電0931051212或（03）5238915。

図 E-7　新書発表会の翌日の新聞記事（『聯合報』2009 年 9 月 21 日付）

図 E-8　旧海軍燃料廠跡地の巨大煙突（黄鈞銘提供）

の新書発表会においては工研院のトップ、李鍾熙院長の「サプライズ出演」が実現し、旧天研本館に関する大内の「遺言」への好意的な意見が述べられた。翌日には新聞各紙に新書発表会の様子を伝える記事が大きく掲載された。

二〇〇九年の拙著『台湾矽谷尋根』刊行からすでに九年の歳月が流れたが、旧天研本館の博物館化という大内の「遺言」はいまだ実現には至っていない。その最大の理由は、皮肉なことに、旧本館が八〇年以上もの歳月を経た今日においても現役の研究施設として機能しつづけている、つまり、保存を考えなくてはならないほどに劣化していないからである。これもまた大内の隠れた貢献というべきところであろう。

その一方で、この九年間に天研と関わりの深い二つの産業遺産の保存・活用事業が大きく進展している。一つは、海軍燃料廠現存施設群の保存・活用事業である。第六章でふれたように、第六海軍燃料廠新竹支廠

図 E-9　修復工事前の取水口（黄鈞銘提供）

は大戦末期の一九四三年に開設されたもののほとんど機能せぬまま終戦を迎えるに至った。戦後は、接収された最新設備のほとんどが中国本土へ運び去られ、その跡地には中国石油公司新竹研究所、清華大学[4]、軍事関係施設、「眷村」（戦後初期に国民党政府とともに中国本土より移住してきた外省人の居住地を指す）などが設けられた。今も跡地には高さ六〇メートルの巨大煙突（戦前の新竹地域で最も高い建物）が残存しており、往時の面影を偲ぶことができる。二〇一〇年二月、新竹市政府は、この海軍燃料廠現存施設群を「歴史建築」に指定するとともに、その保存・活用事業を実施すると発表した。その際、筆者は黄鈞銘とともに許明財新竹市長（当時）を表敬訪問し、筆者が収集した第六海軍燃料廠に関する資料を提供した。その後、趙家麟中原大学教授（建築学、都市計画）を中心に、海軍燃料廠現存施設群の保存・活用に向けた調査活動が行なわれ、二〇一四年、新竹市政府より調査報告書『大煙囱下的故事』（大煙突の下の物語）が刊行された。二〇一八年一月には、新竹市政府が中央政府文化部の助成プログラムへの助成金申請に成功し、それをもとに「大煙囱廠房基地眷村文化保存計劃」（大煙突工場基地および眷村文化保存プロジェクト）が進められることになった[5]。

もう一つは、日本統治期に建設された水道関係施設[6]（取水口と水源地）の保存・活用事業である。一五年の歳月と一〇六万五〇〇〇円（当時）という莫大な費用を投じて建設された新竹の水道は一九二九年に完成し、その後、長期にわたり市民生活と産業発展を支えてきた。天研は水源地に隣接しており、水道インフラの恩恵を大いに被ったであろうことは容易に想像がつく。二〇一一年、新竹市政府は、すでに役目を終えて久しく、荒廃が進んでいた取水口と水源地を「古蹟」に指定した。その後、専門家による調査をへて、二〇一五年二月、取水口の修復工事がはじまり、二〇一七年六月、完工した。新竹市政府の計画では、さらに周囲の景観整備を行なったうえで、近い将来、水道史博物館として一般公開される予定である[7]。

このように、「台湾シリコンバレー」のルーツをなす旧天研現存施設そのものは従来通り現役の研究施設として機能しつづけているが、その一方で、それを取り巻く産業遺産群の保存・活用の取り組みが今まさに急ピッチで進んでいる。大内の「遺言」の実現に向けて、「外堀」は確実に埋まりつつある。

四　覚醒される人と土地の記憶

本書を結ぶにあたり、改めて本研究の意味について考えてみたい。期せずして大内から「遺言」（消えゆく記憶の記録、旧天研現存施設の博物館化）を託された筆者は、その実現のために「ジグソーパズル」的作業に注力してきたが、この作業が本研究のフィールドである新竹地域にとってはたしてどのような意味があるのかという問いについて立ち止まって考える余裕がなかなか生まれなかった。ようやくこの問いへの確たる答えにたどり着いたのは、拙著『台湾矽谷尋根』の校正刷を目にしたときである。それは、拙著に寄せられた蔡仁堅の序文のなかに用意されていた。「人と土地の記憶を呼び覚ます」と題された序文の末尾において蔡は以下のように記している。

一昨年の夏、河口君が新竹の閑居に来られた際、父が話し相手を務め、いろんな昔話をした。この本に登場する天研所長、小川亨博士の次男、小川宣さんと父は新竹中学の同級生である。五年前に卒業六〇周年を祝う同窓会が日本で開かれ、そこで二人は久方ぶりの再会を果たした。父は、住吉公学校を卒業後に淡水中学に進学したが、二年生のときに戦況悪化のため新竹中学への転校を余儀なくされた。淡水中学でのクラス担任兼英語担当は、淡水牛津学堂出身で、同志社大学への留学経験をもつ陳清忠先生だった。この清忠先生は、淡水中学において一九二一年に台湾初の合唱団を創設。さらに、一九二三年には台湾初のラグビー部を創設し、「台湾ラグビーの父」と称されている人物だ。…（中略）… 淡水中学と同志社はともにプロテスタント系のミッションスクールであり、両校の間には密接な交流の歴史があり[8]、この物語もまた人の心を打つものである。あの日、同志社大学からやって来た河口君に誘発されたのか、父は、清忠先生との思い出を一通り語った後、突然、六六年前に封印した記憶を覚醒させた。父は、清忠先生から教わったという唱歌「朝」を口ずさみ、完璧に歌い切った。

朝は再びここにあり
朝は我等と共にあり
埋もれよ眠り　行けよ夢…

人と土地の記憶は呼び覚まされなければならない。これは河口君によって呼び覚まされた物語なのである。

「人と土地の記憶を呼び覚ます」。このフレーズにより、大内の「遺言」に端を発した「ジグソーパズル」的作業が新竹地域にとって何を意味するかが明らかとなった。大内から託された消えゆく記憶の記録という作業は、結果として、彼が「第二の故郷」と呼んだ新竹の人と土地の記憶を呼び覚ますという働きをもつことになった。

「台湾シリコンバレー」のルーツをめぐる記憶の覚醒ははじまったばかりである。終戦から七〇余年が経過し、天研とその時代の記憶を留める人々は続々とこの世を去りつつある。記憶の記録、そして記憶の覚醒はまさに急務である。

注

（1）『園区生活雑誌』は一九九八年に黄鈞銘・何乃蕙夫妻によって創刊されたフリーマガジン（月刊）であり、二〇〇〇年代半ばごろには三万部を発行していた（現在は休刊）。同誌が創刊される一九九八年ごろの新竹地域では、サイエンスパークに勤務する高度人材（圧倒的多数が外来の若年男性）のなかの相当数が結婚を機に当地での定着を図るようになっており、住宅、教育、日常消費、レジャーなどに関する新しい需要が生まれつつあった。それまで一〇数年にわたってサイエンスパーク企業に勤務してきた黄は、そこにビジネスニッチならびに社会貢献の可能性を見出した。創刊に当たり、黄は、乖離したハイテクコミュニティとローカルコミュニティの間の「橋渡し」をミッションに掲げた。具体的には、新竹地域への定着を図るハイテクコミュニティ成員への情報提供、ハイテクコミュニティ成員家族を主要顧客とするさまざまなサービス産業への情報提供、ハイテクコミュニティ成員家族への新竹地域の歴史・文化の紹介などを積極的に行なってきた［河口 二〇〇八］。

（2） 陳其南（一九四七〜）は台湾生まれの文化人類学者であり、中国親族研究の領域における世界的な権威である。米国エール大学で博士号を取得した後、香港中文大学で教鞭をとっていたが、一九九四年、李登輝総統（当時）の意向により、台湾政府文化建設委員会の副主任委員に抜擢され、その年にはじまる「社区総体営造」政策（第七章参照）を主導した。「社区総体営造」という概念は陳による造語であり、その青写真は陳によって描かれたものである。陳其南と「社区総体営造」の関わりについては河口［二〇一〇］を参照されたい。

（3）蔡仁堅（一九五二〜）は新竹出身の政治家であり、一九九七〜二〇〇一年に新竹市長を務めた。在任期間中、民主進歩党籍（当時は野党）の革新派首長として新竹地域の文化環境の改善に強い関心をもち、積極的に「社区総体営造」を推進した。

（4）海軍燃料廠の土地・施設の一部を受け継いだ清華大学の旧建築（教員宿舎）をめぐって二〇〇〇年代後半に興味深い動きがみられた。事の顛末は次の通りである。この旧建築はもともと海軍燃料廠の職員宿舎であったが、戦後、いったん中国石油公司の職員施設となった後、一九五二年に米国CIAより派遣された工作員の宿舎となった。その年、CIAは国民党特務機関と共同で新竹に「西方公司」という名の覆面会社を設立した。同社のミッションは、中国本土への偵察飛行を主要任務とする特殊空軍部隊（通称「黒蝙蝠中隊」）を設立し、隊員への指導を行なうことにあった。一九七〇年代に西方公司が解散となり、CIA工作員が新竹を去った後は清華大学の教員宿舎（清華大学北院教員宿舎、通称「清大北院」）となり、時が経つにつれ、この旧建築の由来を知る者が少なくなっていった。しかし、二〇〇六年にこの旧建築売却のニュースが流れたことを契機に、「清大北院」の名がにわかに注目を集めることになった。その後、地元の市民団体が中心となって、新竹地域の歴史的重層性を象徴するこの旧建築の保存・活用のための取り組みが展開された。その後は、新竹市政府がこの旧建築の保存・活用事業（博物館化）を進めることになり、移築・リノベーションを経て、二〇〇九年、「黒蝙蝠中隊文物陳列館」をオープンさせた［河口　二〇一二］。

（5）「竹市大煙囱廠房眷村文化保存計畫啟動」『中国時報』二〇一八年一月一五日付。

（6）新竹市内の水道関係施設の産業遺産としての可能性に一早く気付いたのは、筆者の共同研究者、黄鈞銘である。黄は、日本統治期の一九二九年に新竹街（「街」は当時の行政単位、一九三〇年に「新竹市」に昇格）が刊行した小冊子『新竹の水道』を発見し、それを中文に翻訳し（翻訳作業は岳父の何連生が担当）、新竹市政府に提供するとともに、その保存・活用の意義を訴えかけた。新竹市政府が水道関係施設の保存・活用事業に着手するきっかけとして、黄の働きかけは大きな意味をもった。なお、『新竹の水道』の中文訳は黄によって加筆され、『竹塹文献雑誌』第四七号の「水と竹塹」特集に掲載された［黄　二〇一一］。

（7）「九〇年前自來水取水口古蹟　竹市修復完成」『自由時報』二〇一七年八月三〇日付。

（8）日本統治期の台湾では、植民地体制下の不平等な教育制度を背景に、多くの若者が高等教育機会を求めて日本内地に留学した。重要な受け入れ校の一つであった同志社は一九〇五～四五年の期間に七〇〇名あまりの台湾留学生を受け入れた。その最大の特徴は、長老教中学・淡水中学といった特定の私立中学（ともにミッションスクール）から同志社中学に編入する者が目立って多かったという点であり、背景には植民地台湾の私立中学を取り巻く不平等構造（総督府の認可を受けない私立中学の卒業生は高等教育機関への進学を認められなかった）があった。そのため、いったん同志社中学に編入し、中学卒業資格を得た後、同志社以外の高等教育機関へ進学する者が多くみられた。彼らの間では帰台後に医学界、実業界、宗教界、教育界などさまざまな分野で指導的役割を果たす者が多く輩出された［河口　二〇〇七b］。

あとがき

本書は、二〇〇九年に台湾で刊行した拙著『台湾矽谷尋根——日治時期台湾高科技産業史話』の日本語原稿を大幅に加筆修正したものである。二〇〇九年以降に行なった調査の成果を反映させるとともに、日本の読者に向けて記述内容をアレンジしている。

二〇〇四年春に台湾・新竹での調査活動に着手してから早いもので一五年の歳月が流れた。その間、筆者は、数え切れないほどの素晴らしい「縁」に恵まれ、それによって導かれ、支えられてきた。本書はまさに「縁」の産物である。

本書につながってゆく「縁」の起点は黄鈞銘さんとのものである。そもそも黄さんとの出会いがなければ、本書は存在し得なかっただろうし、もしかすると、筆者は早い段階で新竹での調査活動に見切りをつけていたかもしれない。黄さんは、筆者にとって最高の共同研究者であり、いつも筆者の調査活動のために最高の便宜を図っていただいた。

天研との「縁」は、陳培基さんとの縁からはじまった。二〇〇五年夏、黄さんに連れられて工研院化学工業研究所（天研の後身）の退職者の親睦会に参加した際、たまたまその場にいらっしゃったのが陳さんであり、彼との雑談を通して筆者ははじめて天研の存在を知ることになった。陳さんにはその後、一〇数回、三〇時間以上におよぶインタビューを行なうことになるが、もし彼から大内一三さんへのコンタクトを強くすすめられていなかったなら、筆者と天研との「縁」はその時点で切れていたかもしれない。

本書の主人公、大内一三さんとの「縁」は、その後の調査活動の方向性を大きく決定づけるものになった。大内さんへの一度きりのインタビューを行なった二〇〇五年一〇月八日は、筆者にとって生涯忘れることができない日となるだろう。その日、大内さんは、間近に迫った死を予見するかのような言葉を発する一方で、筆者と一緒に新竹に行ってみたいともおっしゃった。もしそれが実現されていたら、いったいどのような旅になったのだろうか。もしかすると、二〇〇六年に催された天研設立七〇周年記念イベントは、大内さんを主役としたものになっていたのかもしれない。出会いの日が別れの日になってしまったことは残念でしかたがないが、とはいえ、一〇〇年を生きた大内さんの最後の三ヵ月に巡り合えた奇跡を心からありがたく思う。

二〇〇九年の拙著『台湾砂谷尋根』刊行の際には、エピローグに記した通り、黄さん、何乃蕙さん、何連生さんより並々ならぬご支援をいただいた。『台湾砂谷尋根』はこの三名に筆者を加えた四名による共同作業の成果であり、誰一人ぬけても完成し得なかったに違いない。

拙著『台湾矽谷尋根』には、三名のビッグネームから序文が寄せられた。陳其南先生は、筆者が台湾研究を志すきっかけをつくってくださった方である。二〇〇一〜〇二年に陳先生が同志社大学に客員教授として滞在された際、当時大学院生であった筆者は、先生の授業に参加し、そこで大きな触発を受けたことにより、近い将来に台湾で調査活動を行ないたいと考えるようになった。そのタイミングでの陳先生との「縁」がなければ、新竹はおろか、台湾との「縁」すらなかったかもしれない。

二〇〇九年当時、工研院院長の任にあった李鍾煕さん（現在、台湾生物産業発展協会理事長）は、公務でご多忙にもかかわらず、拙著の新書発表会にご来席くださった。その際には、李さんの指示により、拙著二〇〇冊が工研院に買い取られ、院内各部署に配布されたと聞く。その後、拙著の内容に興味をもった工研院の技術系スタッフ数名より筆者へのアプローチがあり、彼らから貴重な情報を得ることができた。彼らとの交流は今もつづいている。

元新竹市長で郷土史家の蔡仁堅さんから拙著に寄せられた序文は、エピローグの最後に記した通り、筆者の研究が新竹地域に対してもつ意味を端的に示すものであり、本書のメインタイトル「覚醒される人と土地の記憶」はそこから拝借している。蔡さんの序文に紹介されたご尊父の興味深いエピソードは、筆者にとっても忘れられない経験であり、その日のことはそれから一〇年以上の歳月が流れた今も筆者の記憶のなかに鮮明に残っている。

また、本書の基礎となる調査活動は、さまざまな機関から支給された研究助成によって実現したものである。二〇〇四年四月〜一一年三月にポスドク研究員として在籍した同志社大学技術・企業・国際競争力研究センター（ITEC）では、21世紀COEプログラム（「技術・企業・国際競争力の総合研究」）をはじめとする研究助成を受けるとともに、同センターの先生方から貴重なアドバイスをいただいた。また、財団法人交流協会日台交流センター・日台研究支援事業（研究題目「新竹におけるサイエンスパークの発展とそれにともなう地域社会の再編」、研究期間：二〇〇五年八月〜九月）、日本学術振興会・科学研究費「若手研究B」（研究題目：「台湾における産業遺産の保存・活用とその社会的環境に関する調査研究」、研究期間：二〇〇九年四月〜一一年三月）といった競争的研究資金も新竹での調査活動に大いに役立った。さらに、二〇一一年四月〜一三年三月に在籍した東京女学館大学、二〇一三年四月より在籍する帝塚山大学から支給された個人研究費も有効に活用させていただいた。

本書そのものの刊行に関する最大の恩人は、株式会社風響社の石井雅社長である。二〇一二年秋、日本華僑華人学会の年次大会（慶應義塾大学三田キャンパス）に参加した際に石井社長にお目にかかり、雑談のなかで天研の話をさせていただいた。石井社長は、楽しそうに筆者の話を聞いてくださり、「それは面白い。ぜひうちで出版しましょう」と背中を押してくださった。実は、それまでにいくつかの出版社にアプローチしていたものの、どこからも快い返事がなく、日本語版の出版をなかばあきらめかけていたところであったが、その折の石井社長の温かいお言葉により大いに勇気づけられた。それから本書の完成に至るまで六年もの時間がかかってしまったのは、ひとえに筆者の遅筆によっている。

最後に、私事で恐縮であるが、台湾・新竹での調査活動に着手してからの一五年間に、筆者は、結婚、二度の大きな転居（京都→東京→奈良）、第一子の誕生といった大きなライフイベントを経験してきた。二〇〇八年の結婚以来、妻・順子は、いつも筆者の良き相談相手となり、いつ日の目をみるかわからない地味な研究活動を支えてくれた。一歳児の子育てで忙しいなか、本書の校正作業にも根気強く付き合ってくれた。

謝辞を述べるべき方は他にも多くいるが、一人一人あげると切りがなくなってしまうので、以上に留めおきたい。本書ができあがるまでの過程においてご支援いただいたすべての方に対して衷心より謝意を表したい。

［付記］本書の刊行に際して、平成三〇年度帝塚山学園学術研究出版助成金を受けた。関係各位に感謝申し上げる。

二〇一九年一月　奈良の寓居にて

河口充勇

参考文献

〈和文〉

井上敏・野尻亘
二〇〇七「産業考古学と産業遺産――何のために情報を収集し、誰に伝えるために保存するのか」『桃山学院大学総合研究所紀要』第三〇巻、第二号。

小川亨
一九三六「台湾の天然ガス」『動力』第四七号。
一九三八「戦争と石油」『新竹州時報』第一三号。

大塚清賢編
一九三七『躍進台湾大観』成文出版社。

カゴメ株式会社編
一九七八『カゴメ株式会社八〇年史』カゴメ株式会社。

河口充勇
二〇〇七a「旧台湾総督府天然瓦斯研究所と新竹ガラス工業の形成」『化学史研究』(化学史学会)第三四号。
二〇〇七b「同志社と台湾留学生――一〇〇年の軌跡」『評論・社会科学』(同志社大学社会学会)第八七号。
二〇〇八「産業高度化、グローバル化、地域再編――『アジアのシリコンバレー』台湾・新竹の経験」『フォーラム現代社会学』(関西社会学会)第七号。
二〇一〇「台湾における市民的公共性の構築を巡る学術と政策の動向――陳其南の「公民社会」論とその政策的実践を手掛かりに」藤田弘夫編『東アジアにおける公共観の変貌』慶應義塾大学出版会。

二〇一二「台湾における『社区営造』の経験と課題――新竹市の事例」『東京女学館大学紀要』第九号。
二〇一三「『回遊』型移住に関する再考察――『アジアのシリコンバレー』台湾・新竹を事例として」『東京女学館大学紀要』第一〇号。
黒岩俊郎・玉置正美
一九七八『産業考古学入門』東洋経済新報社。
北波道子
二〇〇三『後発工業国の経済発展と電力事業――台湾電力の発展と工業化』晃洋書房。
経済産業省編
二〇〇七『近代化産業遺産群三三――近代化産業遺産が紡ぎ出す先人達の物語』経済産業省。
兒玉一葉
一九四一「職場に挺身する産業戦士――新竹市内工場訪問の巻」『新竹州時報』第五四号。
財団法人日本化学研究会
二〇〇五「東北大学における理化学ガラス機器の開発」編集委員会編『東北大学における理化学ガラス機器の開発』東北大学出版会。
サクセニアン、アナリー
二〇〇〇「シリコンバレーと台湾新竹コネクション――技術コミュニティと産業」青木昌彦・寺西重郎編『転換期の東アジアと日本企業』東洋経済新報社。
佐藤幸人
二〇〇七『台湾ハイテク産業の生成と発展』岩波書店。
下地民夫
一九三八「新竹硝子工業の将来」『新竹州時報』第一三号。
一九四〇a「新竹州の鉱工業と其将来」『新竹州時報』第三六号。
一九四〇b「新竹州の鉱工業と其将来（二）」『新竹州時報』第三七号。
一九四一「台湾の工業化と新竹州の立場」『新竹州時報』第五五号。

新竹市編
　一九四五　『新竹市管内概況』新竹市。
新竹州役所編
　一九四〇　『新竹州要覧』新竹州役所。
杉江重誠編
　一九四九　『日本ガラス工業史』日本ガラス工業史編集委員会。
須田寛
　一九九九　『観光の新分野　産業観光――産業中枢「中京圏」からの提案』交通新聞社。
第六海軍燃料廠史編集委員会編
　一九八六　『第六海軍燃料廠史』第六海軍燃料廠史編集委員会。
台湾銀行調査課編
　一九三一　『台湾油田と其将来』台湾銀行。
台湾総督府天然瓦斯研究所編
　一九三六　『天然瓦斯研究所新営工事概要』台湾総督府天然瓦斯研究所。
　一九三九　『台湾の天然ガスと天然瓦斯研究所』台湾総督府天然瓦斯研究所。
馬場錬成
　二〇〇六　『物理学校――近代史のなかの理科学生』中公新書ラクレ。
北海道大学理学部編
　一九八〇　『北大理学部五十年史』北海道大学理学部。
山崎俊雄・前田清志編
　一九八六　『日本の産業遺産――産業考古学研究』玉川大学出版部。
山田大隆
　二〇一三　「台湾で行われた国際産業遺産保存委員会と北海道の発展構想」『開発こうほう』（北海道開発協会）第五九五号。

〈中文〉
蔡旺洲
　二〇〇四「台湾産業遺産――過去、現在與未来」『国立歴史博物館館刊』第一四巻、第八期。
陳尚文
　一九五八「台湾之玻璃工業」台湾銀行経済研究室編『台湾之工業論集巻二』台湾銀行。
新竹市立文化中心編
　一九九三『閃亮的日子――新竹地区玻璃工芸発展史』新竹市立文化中心。
黄春興
　二〇〇七「新竹科学園区対新竹地区経済貢献」『竹塹文献雑誌』（新竹市政府文化局）第三九期。
黄鈞銘
　二〇一一「新竹水道物語――日治時期籌建新竹自來水供水系統的故事」『竹塹文献雑誌』（新竹市政府文化局）第四七期。
李雪莉
　二〇〇八「新竹市民的寧静革命――新移民打造偉大城市」『天下雑誌』第三八〇期。
林欣宜
　二〇一二「消失的存在感――竹塹城與台湾高科技重鎮的想双軌発展」『竹塹文献雑誌』（新竹市政府文化局）第五一期。
林曉薇
　二〇一四「産業文化資産保存推展在台湾的実践與影響」『台湾建築学会会刊雑誌』第七六期。
潘国正
　二〇〇五「従竹塹到新竹走過三百年――原住民與六波移民」彭茂中・潘国正編『新竹市進出口産業史録』新竹市進出口商業同業公会。
蘇立瑩
　一九九七『走過一甲子――細数化学工業研究所成長歳月』工業技術研究院化学工業研究所。

台湾銀行経済研究室編
一九五二『台湾之発酵工業』台湾銀行。
遠流台湾館編
二〇〇七『台湾史小事典』中国書店。
夏鋳九
二〇〇六「対台湾当前工業遺産保存的初期観察――一点批判性反思」『国立台湾大学建築与城郷研究学報』第一三期。
行政院文化建設委員会編
二〇〇四『台湾歴史辞典』行政院文化建設委員会。
張素雲・温文龍
二〇〇一『竹塹玻璃芸師口述歴史影像紀録』新竹市立文化中心。
鄭森松・王良行編
二〇〇五『竹東鎮志 歴史篇』竹東鎮公所。

附録一　大内一三の履歴

一九〇五年四月　愛知県にて出生
一九二九年三月　東京物理学校（東京理科大学の前身）理化学部卒業
一九三一年四月　都内某私立中学教諭に就任
北海道帝国大学助手に就任
その後の四年間、火山ガスや理化学ガラスの研究に携わる
一九三五年一〇月　台湾総督府天然瓦斯研究所発足、技手として任用される
その後の一年間、設立委員として研究所施設建設の実務に従事
一九三六年八月　天然瓦斯研究所施設完成
一九三七年九月　召集を受け、中国本土各地を転戦
一九三九年一一月　召集解除、天然瓦斯研究所に復帰
このころに天然ガス自動車の研究開発に関与
一九四〇年三月　技師に昇進
一九四〇年五月　陸軍から研究委託の申し出を受けるが、しばらく躊躇
一九四一年初頭　陸軍委託プロジェクトのための基礎研究を開始
このころに二四時間稼動の基礎研究チームを立ち上げる
一九四一年末　陸軍委託プロジェクトに関する研究発表会を開催

このころから陸軍技師（少佐待遇）を兼任

一九四三年初頭　陸軍委託プロジェクトの工業実験に成功

一九四三年末　陸軍委託プロジェクトが頓挫

このころに海軍から研究委託の申し出を受ける

一九四五年八月　新竹にて終戦を迎える

しばらく留用され、研究所施設の移管業務に協力

また、板ガラス製造工場（竹東）の企画立案に関与

一九四六年末　結核を煩い、医師から帰国を促される

一九四七年初頭　帰国し、郷里の愛知県に戻る

一九四七年三月　愛知トマト製造株式会社（カゴメ株式会社の前身）に入社

その後、同社の研究技術課長、研究所長、常務取締役、顧問、相談役などの要職を歴任

また、社団法人トマト工業会の設立（於一九六三年）に深く関与、技術研究委員長などの要職を歴任

一九七五年五月　カゴメ株式会社相談役を退き、実業界から引退

その後、しばしば新竹を訪問（最後の訪問は一九九六年）

二〇〇五年一二月　永眠（享年一〇〇歳）

附録二　天然瓦斯研究所の研究成果物一覧

以下は、一九三六年～一九四五年の一〇年間に天然瓦斯研究所が発行した『台湾総督府天然瓦斯研究所報告』と『台湾総督府天然瓦斯研究所彙報』の一覧である。

『台湾総督府天然瓦斯研究所報告』一覧

第一号「台湾産石炭の液化試験」
（小川亨・松井明夫・妹尾英孝、一九三七年）

第二号「天然ガスの熱重合」
（桑名彦次・今井正弘、一九三七年）

第三号「メタンの塩素化について」
（小倉豊二郎・永井弘之・吉川幸二、一九三八年）

第四号「天然ガスより水素の製造（第一報）：メタン水蒸気反応」
（小倉豊二郎・藤村俊雄、一九三九年）

第五号「アセチレンの水素添加反応に就いて」
（鹽見賢吾・岩本友一、一九三九年）

第六号「メタンと酸化鉄との反応（第一報）」

（小川亨・松井明夫・妹尾英孝、一九四〇年）

第七号「天然ガスより水素の製造（第二報）：連続式外熱爐による半工業試験」

（小倉豊二郎・藤村俊雄、一九四〇年）

第八号「メタンの酸化分解反応に関する研究」

（小倉豊二郎、一九四〇年）

第九号「台湾産天然瓦斯の圧縮度」

（大内一三、一九四二年）

第一〇号「天然ガスより水素の製造（第三報）：メタン炭酸瓦斯反応に関る研究」

（小倉豊二郎・永井弘之、一九四二年）

第一一号「天然ガスより水素の製造（第四報）：メタン酸素反応に関る研究」

（小倉豊二郎・市丸典次、一九四二年）

第一二号「交流弧光放電に於ける炭素電極の消耗に就いて」

（大賀健太郎・羽鳥文雄、一九四三年）

第一三号「ガソリンの構造分析法及びその台湾錦水産ガソリンの適用に就いて」

（富樫喜代治、一九四四年）

『台湾総督府天然瓦斯研究所彙報』一覧

第一号「低級炭化水素の重合について」（一九三六年）

第二号「天然瓦斯よりカーボンブラックの製造工業に就いて」（一九三六年）

第三号「米国に於ける燃料問題」（一九三六年）

第四号「メタン含有ガスより水素の製造及其の利用」（翻訳）（一九三六年）

第五号「台湾に於ける水素工業について」（一九三六年）
第六号「天然瓦斯の過去現在及び将来〔附〕開所式概略」（一九三六年）
第七号「天然ガスに関する特許集報」（一九三八年）
第八号「天然ガス埋蔵量の測定法と其の実例」（一九三八年）
第九号「炭化水素ガスの重合／天然瓦斯の分解について」（一九三八年）
第一〇号「ガス自動車について」（一九三八年）
第一一号「天然瓦斯より水素及水素含有混合瓦斯製造について」（一九三九年）
第一二号「米国油田最近の進歩／欧米視察談」（一九四一年）
第一三号「瓦斯自動車について／欧米視察所見／離台の挨拶」（一九四〇年）
第一四号「熱アルキ化反応とネオヘキサンについて」（翻訳）（一九四一年）
第一五号「ガス状パラフイン系炭化水素の硝化について」（一九四三年）
第一六号「最近に於ける米国の鑿井状況について／台湾の石油の化学」（一九四四年）
第一七号「炭化水素の物理性と其の応用」（一九四四年）

図表一覧

さ

索引

著者紹介
河口充勇（かわぐち　みつお）
1973年生まれ
2004年、同志社大学大学院文学研究科社会学専攻博士後期課程修了
博士（社会学）
現在、帝塚山大学文学部教授
主要著書として、『アジア企業の経営理念——生成・伝播・継承のメカニズム』（文眞堂、2013年、共著）、『産業集積地の継続と革新——京都伏見酒造業への社会学的接近』（文眞堂、2010年、共著）など

覚醒される人と土地の記憶　「台湾シリコンバレー」のルーツ探し

2019年2月28日　印刷
2019年3月10日　発行

著　者　河口　充勇
発行者　石井　雅
発行所　株式会社　風響社
東京都北区田端 4-14-9（〒 114-0014）
03(3828)9249　振替 00110-0-553554
印刷　モリモト印刷

ISBN 978-4-89489-265-1 C0022